留下手艺

杨琳 编著

国家级非物质文化遗产明式家具制作技艺保护与传承

文物出版社

图书在版编目（CIP）数据

留下手艺：国家级非物质文化遗产明式家具制作技
艺保护与传承 / 杨琳编著. —— 北京：文物出版社，2021.9
　ISBN 978-7-5010-6981-1

Ⅰ.①留… Ⅱ.①杨… Ⅲ.①家具—制作—中国—
明代 ②家具—设计—作品集—中国—现代 Ⅳ.①TS666.2

中国版本图书馆CIP数据核字（2020）第266940号

留下手艺——国家级非物质文化遗产明式家具制作技艺保护与传承

编　　著：杨　琳

责任编辑：冯冬梅
封面题字：胡茂伟
封面设计：程星涛
责任印制：苏　林

出版发行：文物出版社
社　　址：北京市东城区东直门内北小街2号楼
网　　址：http://www.wenwu.com
经　　销：新华书店
印　　刷：河北鹏润印刷有限公司
开　　本：787mm×1092mm　1/8
印　　张：20.5
版　　次：2021年9月第1版
印　　次：2021年9月第1次印刷
书　　号：ISBN 978-7-5010-6981-1
定　　价：280.00元

编辑委员会

目　录

非物质文化遗产的时代机遇

　　民族传统文化受到广泛和前所未有的关注，这是非物质文化遗产（以下简称"非遗"）的幸运。近年来，我国的非遗保护工作取得可喜的成绩，同时赢得了许多国外同行的赞誉。这对提升我们的生活幸福感发挥了很好的作用。进入 21 世纪，非物质文化遗产的保护发生了极大变化，从某种意义上说有了质的飞跃。

　　首先，整个社会对非遗的评价有了显著的改变。"非物质文化遗产"这个专门的术语今天变成人人口中有、心中有的熟知概念，就足以说明人们对过去所称的民族民间文化有了新的价值判断。整个社会对非遗的尊重、保护和传承意识皆有了很大的提高，"保护"和"传承"这两个词从来没有被这样强调过，非物质文化遗产保护唤醒了民众对中华民族传统文化的尊重、热爱和自豪感。越来越多的中国非物质文化遗产项目进入联合国教科文组织人类非物质文化遗产代表作名录，提升了我国在国际上的文化地位。

　　其次，进入 21 世纪，特别提出了非遗保护传承的核心问题，即传承主体——传承人的问题。我们称赞那些手艺人，称赞那些非遗传承者的智慧和技艺，只是赞叹其成果的美妙绝伦，但不知他们究竟是谁。通常珍惜的是物，并不特别关注传承者和他们的智慧和手艺本身。所以，今天"传承人"概念的提出和受到尊崇，是找到了保护和传承的根。在这一保护过程中，传承人有了荣誉感和自豪感，建立起了文化自信，有了责任担当。作为传承主体，他们的观念和情感也发生了非常大的变化，这些变化让他们的技艺和智慧重新焕发出旺盛的生命力和创造力。

　　再说传播。在非物质文化遗产保护中，传播起到了特别大的作用。过去在非遗传播方面，没有像今天这样被整个社会关注，这是一个特别重要的手段。传播既有语言的，也有影像的，传播渠道和方式更加多样。通过旅游、电商等方式传播非遗，是过去所没有的，但能满足今天的需求，所以是必要的和有效的。

现如今，非物质文化遗产的保护和传承打破了高雅文化和草根文化之间的界限。通过代表作和传承人的评选，整个社会共同关注历史留给我们的所有文化遗产的精粹，让我们加以保护和传承，成为建设民族文化美好明天的宝贵借鉴。

在非物质文化遗产保护过程中，常常会有一个让人困扰的问题——物与非物的关系、两者与人的关系以及非遗的演进发展问题。比如传统手工艺的技能是掌握在一部分有专业知识技能的传承人手里的，全社会所有成员通过他们非遗活动的物化的成品，来欣赏和分享这份非物质文化遗产。没有非物质的技艺的展现，就不可能有这些物化的成品，分享这些物化的成品，也是我们的生活方式。这些物化的成品随时代变迁会有所演进，其非遗内涵自然也会在历史发展的过程中，顺应时代的现实要求，经过一路的创造和再创造，不断淘洗、琢磨、演进、发展。非遗传承是在认真保护它的基质真实性的原则上进行的，但不是墨守成规、一成不变。如果不回应现实生活的需求，不顺应今天的现实生活，这份遗产也就会僵死，不是我们抛弃它，而是它抛弃我们。

在某种意义上，是整个社会共同推动了传承人手艺的传承和保护，如果大家都不关心"物"，非遗传承人的实践活动就变得没有意义；因为没有市场，这些非遗项目的存在也就没意义了。所以，从这个意义上说，也是通过传承人创造的"物"保护和传承了相关非遗项目。

所有的这些，都说明非物质文化遗产的保护和传承在新的世纪开拓了一个全新的局面。所有这些，都是这个时代特别重要的变化。

从非遗自身的角度来说，保护和传承获得了一个又一个新的领地，非遗的社会评价得以提升，传承人队伍得以扩大，保护和传承的意识得以普遍加强，非遗在广大民众的现实生活中的地位也有所提高。

今天，非遗保护与传承不是虚无缥缈的概念，不是写在纸上的文字或者会议中的宣示和号召，也不是仅仅体现为传承人活动的个体行为，而是落在实地，通过无数生动有力的实实在在活动体现出来的波澜壮阔的社会实践。非物质文化遗产当然是历史的积淀，但更重要的，它是活跃在我们今天现实中的生产方式、生活方式。我们珍视这份遗产，尊重和保护这份宝贵的遗产，感恩它给我们今天的生活带来的宝贵滋养。

刘魁立

2020 年 6 月 13 日于北京

苏作明式家具巧夺天工

2016年9月，我受邀在江苏苏州一所大学授课与进行学术交流，期间受国家级非物质文化遗产明式家具（苏作）制作技艺传承人许建平先生邀请，赴其在浙江宁波的明式家具传承基地参观交流。基地由许建平先生与其宁波的两位弟子王嘉明、凌永宝三人共同创建，避开了目前市场上大众化、数量化的商品家具行列，秉持传统的制作工艺，结合现代人的审美特点，在坚持传统经典的基础上，精雕细琢地制作高品位的艺术品级家具。在宁波参观了明式家具传承基地的嘉木明韵明式家具艺术馆，展品均是由许建平先生设计监造的明式家具作品。这些作品除保留传统经典元素之外，还契合了当代的艺术美学。特别值得一提的是作品制作之精良，水准之高，令人难以忘怀，可以说目前在全国也是首屈一指的。作品皆可称得上当代艺术精品，具有较高的艺术价值与收藏价值，体现了江南文人家具的儒雅性及礼仪性。通过参观基地与艺术馆品赏，让我得益匪浅。特别是作品在文化、艺术、科学、实用及材料选择与运用五个方面都表现得出类拔萃。作品对客厅的恭敬、书房的雅静、卧室的安静、餐厅的洁净都考虑比较周全，为我们优秀的古典家具传承与发展起到了一个标杆性的引领作用。

胡德生

2020 年 5 月 20 日于北京

中国古代家具所用木材的共性与个性

王夫之《周易外传》曰："无其器则无其道，人鲜能言之，而固其诚然者也。"

在中国古代家具发展的历史过程中，人们对于经典、雅致的家具，除了追求功能、结构的不断完善、合理外，同样对于家具神形契合之美的探索也从未停止。文震亨谓："古人制器尚用，不惜所费。故制作极备，非若后人苟且。上至锺、鼎、刀、剑、盘、匜之属，下至隃糜、侧理，皆以精良为乐，匪徒铭金石尚款识而识。今人见闻不广，又习见时世所尚，遂致雅俗莫辨。更有专事绚丽，目不识右，轩窗几案，毫无韵物，而侈言陈设，未之敢轻许也。"文氏对于器物特别是家具的制作、形制、用材、陈设，追求古雅精良，神情超然。如论及"天然几"则称："以文木如花梨、铁梨、香楠等木为之；第以阔大为贵，长不可过八尺，厚不可过五寸，飞角处不可太尖，须平圆，乃古式。照倭几下有拖尾者，更奇，不可用四足如书桌式；或以古树根承之，不则用木，如台面阔厚者，空其中，略雕云头、如意之类；不可雕龙凤花草诸俗式。近时所制狭而长者，最可厌。"

《长物志》中有不少关于不同家具应使用不同木材、不同木材应做不同家具的记录。《格古要论》及近人艾克先生、王世襄先生也有详尽的研究。中国古代家具特别是优秀、经典的家具所用木材，究竟有哪些共性与个性呢？

一 共性

1. 材色纯洁干净

木材之色，不能有杂色或浑浊不清。紫檀之紫褐色，黄花黎之金黄色、褐红色，楠木之金黄色，乌木（及东非黑黄檀）之乌黑色，材色干净，特征明显。这是制作经典家具对木材最关键的要求。产于越南的部分东京黄檀，材色色杂而浑浊，则不宜用于优质家具的制作。

2. 纹理清晰，花纹美丽

木材质纹理讲究清晰、流畅，花纹自然。如黄花梨、鸂鶒木、楠木、格木、榉木，见其纹，便可呼其名，有明显特征的纹理即为身份之自证。每一种木材的纹理特征都有其鲜明的特征，各为不同器物、器形而备。《陶庵梦忆》有"非常理"之"铁梨木天然几"记录："癸卯，到淮上。有铁梨木天然几，长丈六，阔三尺，滑泽坚润，非常理。淮抚李三才百五十金不能得，仲叔以二百金得之，解维遽去。淮抚大恚怒，差兵蹑之，不及而返。"当然，最为可爱的还是各色瘿木之美纹，特别是楠木、柳杉、花梨、缅茄等，均为柜门心、案面心、屏心、官皮箱等家具制作的上等选料。

3. 有香味或无其他难闻之味道

有香味的木材除了防虫、防潮而不易朽烂之外，对于愉悦身心、清新空间均有大益，如黄花黎、楠木、花梨、杉木、柏木、松木等。缅甸鸡翅木、刺猬紫檀等新切时均有难闻的怪味。另外，樟木具刺鼻的樟脑味，应尽量少用于家具的制作。

4. 具油性

一般的硬木均具油性，具油性的木材多光泽好、易打磨，时间久远则留下岁月的痕迹，即所谓"包浆"。具油性的木材多与其比重、树种有关，一般比重大者多具油性。豆科紫檀属、黄檀属及樟科的多种木材均具油性。

5. 密度

木材的密度多与树种或生长环境有很大的关系。中国古家具特别是硬木家具，木材的比重多在0.7~1.2克/立方厘米之间，除了适于加工、雕刻外，对于家具的结构科学、稳定也起到了至关重要的作用。密度较低的木材如松、杉、柏、楠、榆等，结构易松散，且雕刻、起线难以达到细腻、传神的效果。

二 个性

1. 不同地区

中国幅员辽阔，土地、气候、树木、人文、习俗等自然禀赋相异，多就地取材制作家具。如北方的榆木、核桃木、柏木、杨木、槐木、高丽木家具，四川的川柏、桐木、楠木家具，两湖地区的梓木、杉木、樟木、楠木或竹制家具，苏北的银杏、柞榛家具，苏州的榉木、杉木、银杏家具，均有其鲜明的地方用材特色。往往据其用材与制式，即可知家具的原产地。

2. 不同阶层

中国古代家具一般可分为宫廷家具、文人家具及民俗家具。宫廷家具多以贵重木材如紫檀、黄花黎为主，而文人家具"所用材料务求与家具、器具所要表达的思想及审美相一致，并不是以材料的价格高低及珍稀程度来考虑，'雅'与实用是放在第一位的"。文人家具之"木材的使用有极其明显的局限性或范围，这也是文人家具用材的一大特点，即什么样的木材适合于做什么家具，什么样的家具采用什么样的木材是有定式的。"[1]民俗家具多就地取材，以方便、廉价、实用为主。

3. 不同偏好

不同地区在不同时期对于不同的家具所用木材是有不同偏好的，如明末清初苏州地区文人对榉木的追捧，乾隆时期对于紫檀的热衷。近几十年来，几乎几年一变，除了炒作外，和个人对于木材的不同喜爱的选择是有关联的，有人喜欢老榉木或柞榛木，有人喜欢楠木，更多的人对于黄花黎、紫檀达到了痴迷疯狂的程度。

4. 不同建筑

不同建筑则须用不同的家具陈设。当然，建筑的主人是关键因素，人、建筑和与之相匹配的内檐装饰、陈设是浑然一体的，每一建筑的主人决定陈设何种形制的家具，采用何种木材。古时的园林及家具各具特色，极少雷同，故产生了不同形式、不同特征、不同木材的优秀家具。

本书归集的嘉木明韵作品家具，主要用材为近几十年从东非洲进口的东

[1]
周默著《黄花黎》第 352–353 页，中华书局，2019 年。

非黑黄檀，国标归类黑酸枝。此材种虽非我历史用材，但经近几十年使用，此材表现上乘，可圈可点。材料平均密度在 1.2 克 / 平方厘米左右，味中性，油性良好，木性稳定。此材整体以黑褐为主色，隐约可见幽幽流动的金黄色木纹，显高雅、传神，表面磨光至 3000 目以上，更是玉珠圆润、光可鉴人。此材品性可与紫檀、老乌木归并一类，完全符合制作优秀的传承类家具用材，此材虽贵为好材，但美中不足的是此原木材缺陷奇多，且加工难度大，能取到制作家具好料已属不易，加之费工又耗时，若能制作出一件雅致又具气韵的经典家具更是不易。

《禅学的黄金时代》讲了禅宗始祖达摩传法的故事，在公元 536 年的某一天，他感觉自己应该离去了，于是便召集学生，要他们发表悟境。有一位名叫道副的学生说："依我的看法，我们应该不执着文字，也不舍弃文字，要把文字当作一种求道的工具来运用。"达摩听了后便说："你只得到了我的皮。"有一位尼姑说："依我所了解的，就像庆喜看到了阿閦佛国，一见便不再见。"达摩回答说："你只得到了我的肉。"另有一位名叫道育的学生说："地水火风等四大本来是空的，眼耳鼻舌身等五蕴也非实有，依我所见，整个世界，没有一法存在。"达摩回答说："你只得到我的骨。"最后，慧可行了一个礼，仍然站在那里不动。达摩便对慧可说："你已得到了我的髓。"于是，慧可便成为禅宗的二祖（吴经熊著，吴怡译《禅学的黄金时代》第 18–19 页，台湾商务印书馆，1969 年）。

如何认识与把握中国古代家具之精髓，应如王世襄先生所言，必须从最基础开始，了解古代家具所用木材之本性，因物而行，除此别无蹊径。

周默

2020 年 5 月 26 日于北京

传承的使命

改革开放至今已四十余年，经济的高速发展为百姓的安居乐业提供了充足的条件，同时也让人们对精神文化生活提出了更高的要求。文化是国家的本，优秀文化遗产的传承发展更是我们这一代人义不容辞的责任和义务。今明式家具作为祖先留给我们这一代宝贵的文化遗产在国际上也一直享有盛誉，其独特的制作技艺早已被列入国家非物质文化遗产名录，我作为这一项目的国家级传承人，肩负着国家给予的传承与发展的光荣使命。

作为传承人我在制订传承计划时考察了现代明式家具制作技艺现状，在过程中发现目前有太多的商业考量，很多制作工厂迫于生计，优秀的制作技艺不能在当代家具中很好地表现，使明式家具制作技艺依附当代活态家具存续、传承、发展尤显困难。综观几百年前制作的明式家具，能留到今天的也都是那些经典的、制作精良的上等作品。我们后辈也从这些留世精品中发现了古人的精神文化体现及他们的生活形态。

为了使先人留下的明式家具制作技艺这一宝贵文化遗产得以传承发展下去，改变目前很多制造企业粗制滥造的局面，从2000年开始，我走访了大量江浙沪地区的制造企业，了解了该地区总体情况。在这一过程中我有幸在浙江宁波发现了一家制造企业，非常认真规矩地进行传统榫卯制作，两位创始人是明式家具顶级爱好者，由于以前没有从事过独立制作，对明式家具系统性的理论及制作经验有欠缺。经多次交流，了解了企业创始人的本意。我当即表示愿意帮助他们在传承与发展的道路上走得更远。2012年我特将宁波这家企业作为传承研发基地，深度地介入了设计与制作各个环节，将四十余年的成功经验与理念全部应用其中，立意打造当代明式家具传承与发展的具有标杆性的样板。

经过六七年的精心研发与不懈探索，终于取得了突破性的成就。已经成功地制作了一百多件保留古典明式家具精髓的优秀作品，这些作品形态优雅，制作规整、精巧，选材讲究，在品质与文化内涵的体现上，均达到了行业内的顶尖水平。部分作品在 2016 年参加了恭王府博物馆"文房砚为首"与"苏州造物"展示，作品受到了国家及文化部相关领导与专家的高度赞誉。2017 年作品还在宁波博物馆（国家一级博物馆）举办了一次"穿越时空的家具艺术"明式家具大型特展，有五万余名观众观赏了当代明式家具精品的模样，对优秀文化遗产的传承作了一次很有意义的宣传与推广。

由于活态展示在传承发展中的广度与深度还是有一定局限性，为了将这一当今传承与创新古家具文化成功范例分享给更多行业内外有志向者，本次由北京建筑大学、中国非物质文化遗产研究院联合出版的《留下手艺》一书，详细介绍了明式家具的传承与发展，也将我在这七年多潜心研发的新工艺、新方法思路介绍给大众，让更多热爱、关注传统与当代明式家具的人们受到启迪，从而达到让明式家具制作技艺这一灿烂的宝贵文化遗产，更深入广泛地代代传承与弘扬。

许建平

2020 年 5 月 17 日于苏州

第一章　宝剑锋从磨砺出

一　梅花香自苦寒来

许建平，1954年生，江苏苏州人，国家级非物质文化遗产明式家具制作技艺代表性传承人、研究员级高级工艺美术师、嘉木明韵明式家具创始人、原苏州红木雕刻厂总设计师，从事明式家具设计监造四十余年（图1-1）。

许建平对中国历代家具造型与艺术的研究以及明式家具制作技艺的掌握，在国内是不二人选，由此奠定了他在中国古典家具设计和制作领域的重

图 1-1
许建平

要地位。作为明式家具权威专家陈增弼教授主持重大项目的主要助手、深化设计师和项目器物监制者，许建平参与了国家重要政治场所、世界文化遗产、全国重点文物保护单位和省、市级文物保护单位等众多重大项目古家具恢复的总设计与监制，完美地保留了苏作工艺的精髓，又融合了匠心的巧思，在传承经典的基础上极致地彰显了中华木作的典雅与华美，其骄人业绩在国内无人能出其右。

时值 1987 年，许建平正在苏州红木雕刻厂工作，他把自己设计监制的中国古典厅堂一套 17 件红木家具拿到在香港举办的中国艺术家具展上，在大展众多作品中脱颖而出，荣获唯一金奖与一等奖。1991 年，由许建平设计监制的微型明式家具一套 17 件，又在北京举办的中国明式家具展览会上荣获优秀设计奖，一时风光无两。

陈增弼先生与当时苏州红木雕刻厂经常有工作联系，也因此认识、了解了许建平，他非常赏识、器重初出茅庐的许建平，两人私交很深（图 1-2）。陈教授每年都会带一些大学生来苏州红木雕刻厂实地授课，有的课程实战性比较强，他直接指定许建平作为助手负责培训主讲。他对年轻的许建平在理

图 1-2
许建平与陈增弼（右）

论与实战两方面都很有信心，每次见面都会有很多家具方面的议题与之探讨交流。所以，当他接到为国家重要场所创作作品的任务时，第一个想到的合作伙伴就是许建平。

二　良师益友

（一）陈增弼

陈增弼（1933~2008 年），清华大学美术学院教授，中国明式家具学会会长，中国传统家具学者，中国古典家具鉴定专家、收藏家、设计大师。陈增弼先生早年师承梁思成、杨耀两位建筑艺术与历史研究大家，是正统的建筑学科班出身。毕业后就职于中国建筑科学院，从事建筑设计。在与中国明式家具研究学科的开拓者和奠基者之一的杨耀先生相识后，他的人生轨迹从建筑设计领域转入传统家具研究上来，是将中国传统家具研究纳入学术领域和学科建设的重要奠基者。

陈增弼先生师从杨耀先生，不仅是杨耀先生的学生、助手，更是杨耀学术研究的继承者和发展者（图1-3）。陈增弼先生的卓越功绩在于将中国明式家具的研究提高到学术的范畴，将中国家具的研究、实践与创新作为一

图 1-3
杨耀（左）、陈增弼

个学科来对待，并成功地在北京理工大学设计艺术学院设立中国家具学系，培养中国家具科研、教学、鉴定方面的人才。他秉承杨耀先生明式家具研究的思想，将建筑研究方法，特别是测绘法引入中国家具研究，建立了一个从理论学习，到结合实践测绘，再到创新的一个中国家具教学与研究的体系。陈增弼先生总结传承、光大优秀的中国家具文化："中国家具学系将成为培养中国家具文化研究、教学、鉴定方面的年轻一代学者的摇篮；将成为国内外研究中国家具的学者、专家来校授课、讲学的一个平台，传播知识，切磋技艺，成果共享；将改变研究中国家具的'自发式''改行式''自修成才式'等模式，而把它纳入国家高等教育体系，有领导、有组织、有计划地培养专业人才，它必将成为研究中国家具学的中心，薪火传承，继往开来。"

陈增弼所从事的中国古代家具的收集研究工作，隶属考古学范畴。考古学的研究对象是古老实物，当一个社会构建及其相应成员的思想意识发展到一定阶段，他们便会对于自己过去的历史产生兴趣，从而出于不同动机，收集古代传留下来的实物，并且着手调查古代遗迹，把它们记录下来，探讨它们以往的存在意义。考古学的目的，在于研究所有人类的古代情况。就考古学而言，它所研究的主要对象，应该是那些具有社会性的实物，是器物的一个完整类型中的尽可能全面的若干收集，绝非单独孤立的某件实物。而后者，我们称之为"古董"。古董不是考古学研究当中的所谓科学标本。美术考古学研究的是一个社会或一个考古学文化的美学特征以及美学传统，但就某件古董而言，一般具备的是其突出的美术价值，代表的是某一个人的艺术天才，因此，古董理当成为美术史研究的理想标本。陈增弼先生总结明式家具特点，是功能合理，结构科学，工艺先进，构造精绝，品类齐备，造型优美。

当代中国之于古代家居家具的文化研究，曾经饱受磨难摧残，半个多世纪以来，中国历经日本侵略、国共内战、三反五反、大跃进、"文革"冲击等战争和社会动荡，导致任何一门学术活动都无法正常进行。目前探知的，幸而就是古斯塔夫·艾克（Gustav Ecke）、杨耀、陈增弼三位大师，他们在家具学术方面秉持研究，功绩卓著，不仅课题各自独立，而且一脉贯通相承，从未有过片刻间断，令人唏嘘感动。

（二）杨耀

杨耀（1902~1978年），明式家具研究学者，建筑师。20世纪30年代始系统研究明式家具，是我国第一个研究明式家具的学者，编著出世界上第一部有关明式家具的专著《中国花梨家具图考》，同时撰写了《中国明代室内装饰和家具》《我国民间的家具艺术》等明式家具重要论文，对明式家具的产生背景、类型、结构、榫卯、造型、装饰手法、工艺技艺以及艺术成就等多方面，都进行了比较系统的研究和总结，其中不少成果，仍为今天后起的明式家具研究者所引用。杨耀先生比王世襄先生年长12岁，据说王世襄在燕京大学读国文科时就认识了当时身为北京协和医院建筑师的杨耀，并通过杨耀接触了德国人古斯塔夫·艾克。正是在此时，王世襄先生惊讶于在日常生活中处处可见，似乎稀松平常，丝毫不觉得有艺术美感的中国家具，竟被艾克和杨耀先生如此珍视，认真地收藏、考察、测绘。这一现象给王世襄带来震惊之余，也带来了无限启发，为他日后精勤四十载，写出大部头著作《明式家具研究》和《明式家具珍赏》埋下伏笔。1948年，王世襄曾受故宫博物院院长马衡的委派到美国和加拿大考察博物馆，随身携带有两本重要书籍，一本是商务印书馆的《营造法式》，另一本就是当时刚出版不久的珂罗版图书——由艾克和杨耀合作的《中国花梨家具图考》。

1932年杨耀在北京协和医院任建筑师，并与当时在辅仁大学任教的德籍教授古斯塔夫·艾克先生合作，开始研究明式家具。1944年起杨耀先生任北京大学工学院副教授，一边教学，一边承担建筑设计任务。中华人民共和国成立后，杨耀更是以饱满的热情，参加到祖国的建设中来。1962年在建筑工程部北京工业建筑设计院任总建筑师，领导室内设计及明式家具研究工作。同时积极热情地为大专院校、家具厂培养家具研究及设计人员。十年浩劫中，杨耀先生受到不应有的冲击与迫害，身心受到严重摧残，于1978年8月21日不幸在京逝世。杨耀先生对我国明式家具研究做出的主要贡献有以下几方面。

一，确定了以使用功能作为明式家具的分类标准。将明式家具按照功能归纳为六大类：1.椅凳类；2.几案类；3.橱柜类；4.床榻类；5.架类；6.屏类。这种分类方法，纲目分明，易于总结，便于探索家具演变规律，多为后来者遵循。

二，为明式家具研究探索出一条科学途径。提出了将明式家具当成古代物质文化的一部分，放到具体历史环境中去考虑，解剖它的结构，研究它的榫卯斗拼方法，分析它的工艺技能和造型方面的成就，杨耀先生主张并亲身践行这一方法，为我们树立了榜样和开辟了一条科学研究明式家具的途径。杨耀先生勤于对明式家具的解剖研究，早在 20 世纪 30 年代就在实践的基础上绘制出一批精确的科学性很高的明式家具结构和构造图纸。此为历史上出现的第一批明式家具的测绘图纸，在明式家具研究史上占有重要的地位。

三，虚心向匠师学习，注重理论研究与实践的结合。杨耀先生经常下作坊、下工厂向工匠请教，观察他们的操作，整理他们使用的专门术语，并通过亲身实践来剖析验证，确定明式家具的专用术语，榫卯名称，线脚、线形、装饰配件等名称，绘出榫卯斗拼图纸。

四，宣传和保护明式家具。自从杨耀先生开展对明式家具的研究和宣传后，引起了各界人士的瞩目，于是收藏、鉴赏明式家具成为一时风尚，私人和博物馆对我国明式家具开始作为一种珍贵的文化遗物而收藏。杨耀先生就是著名的明式家具收藏家，这也使得不少明式家具的珍品得以保存，至今仍流传于世。在这方面杨耀先生的历史功绩是很大的。

杨耀精于家具设计工作，1959 年他主持设计了人民大会堂甘肃厅的室内家具，1962 年主持设计了出口硬木家具。杨耀还为中国培养了一批家具设计和研究人才，著名明式家具研究专家陈增弼就是他的学生。

（三）古斯塔夫·艾克

古斯塔夫·艾克，中文号曰"锷风"，生于德国，母亲为伯爵之后，父亲为波恩大学神学教授，艾克在德国、法国的大学攻读美术史、哲学史。游学欧洲各国，随后在包豪斯学校任教。1923 年厦门大学创校，聘请艾克来华任教。1928 年清华大学创校，聘请艾克来北京任教，随后又到北京辅仁大学任该校西洋文学史系教授。在华期间，艾克遍游中国、朝鲜、日本的名胜古迹，接触到中国古代艺术精粹，仰慕之至，遂从事研究，终生不懈。居京后，与梁思成、刘敦桢教授等交往较多，同时开展对中国古代铜器、玉器、绘画以及明式家具的研究。1948 年辅仁大学迁校，他便离开了中国。1950 年为美国夏威夷大学教授，讲授东亚美术史。1966 年退休。1969 年返回檀香山，教导鼓励学生不暇余力。1971 年因心脏病发作逝世，享年 75 岁。艾克一生从事明式家具的研究和教学，将毕生收藏捐献给恭王府博物馆。

三　陈增弼点将许建平

关注中央电视台《新闻联播》的人都知道，国家领导人在中南海紫光阁会见外宾时，有一件入镜率极高的红色雕龙背景地屏——雕漆江山入画图。这件地屏气势雄浑、精美绝伦，尽显中华文化之博大精深。它连同中南海紫光阁总理会见厅雕龙迎宾地屏，是陈增弼先生做总体方案设计，许建平及其团队配合做了后期方案及具体制作。

当时地屏在苏州做好零部件运到北京后，许建平考虑到木材的稳定性，决定延期一年再安装。因为江南潮湿，北方干燥，在江南地区制作的产品在北方马上进行安装，极有可能因为气候变化造成木材变形干裂。在当时国内干燥处理技术还不完善的情况下，只有把所有散件放置，适应里面的湿度、温度，才能在恒温干燥中让木材最终得到定型。事实证明这是一个好办法。经历一年时间的挥发，所有散件干湿应力都合理地得到释放，使之后的组装相当顺利。许建平和他的团队如期完成了这项重大使命，成就了后来为世人所熟知的辉煌大作。其中雕龙背景地屏《江山入画图》还荣获了第八届中国工艺美术大师作品暨工艺美术精品博览会特等奖！

许建平团队还曾配合陈增弼教授，完成为钓鱼台部分楼宇重新制作配备部分家具的任务。

同样经过长达半年多的努力，在陈增弼教授带领下，许建平团队紧密配合，齐心协力，夜以继日，精益求精，贡献了全部的智慧和才能，如期完成了任务，顺利将所制家具运送到钓鱼台国宾馆。其所设计制作的家具使钓鱼台内部陈设古色古香、美轮美奂。

了解苏州园林的人，一定不会对网师园感到陌生。网师园始建于南宋淳熙年间（1174~1189年），旧为宋代藏书家、扬州文人史正志的万卷堂故址，花园名为"渔隐"，后废。至清乾隆年间（约1770年），退休的光禄寺少卿宋宗元购之并重建，定名为"网师园"。网师园不大，占地仅10亩（约6667平方米），面积不足拙政园的六分之一。所谓山不在高，有仙则名；水不在深，有龙则灵。网师园有这样的名气和实力，皆在于其是苏州古典园林中以少胜多的典范。中国古建筑园林大师陈从周教授在《中国名园》一文中称"网师园是造园家推崇的小园典范"。德国著名园艺家、鉴赏家玛丽安娜·鲍榭蒂女士在其《中国园林》一书中说："我觉得网师园是苏州最体面雅致、最完整的私家园林。"

1982年，网师园被国务院列为全国重点文物保护单位。1997年12月4日，网师园被联合国教科文组织列入《世界文化遗产名录》。在这处珍贵的世界文化遗产中，却处处留存着国家级非物质文化遗产明式家具制作技艺唯一传承人许建平大师的印记。那是1986年，苏州园林局决定以万卷堂为重点，对网师园里的家具陈设进行置换。网师园为典型的宅园合一的私家园林。住宅部分共四进，轿厅、大客厅、撷秀楼、五峰书屋，沿中轴线依次展开，主厅万卷堂屋宇高敞，装饰雅致。

顶级苏州园林，搭配顶级明式苏作，那将是何等的绝配！那么由谁来做这些家具，才真正称得上珠联璧合呢？不出所料，苏州园林局敏锐的目光落在了中国明式家具学会会长陈增弼教授和新一代行业领军人物许建平先生身上。陈增弼教授和许建平先生带着满满的使命感，接受了这一旨在恢复苏州古典园林风貌、呈现中华传统文化精髓的特别任务。

陈增弼教授根据网师园的特点，精心构思了作品的方案，然后交由许建平的设计团队具体深化造型设计、尺寸定位。在许建平统筹指挥下，由苏州能工巧匠组成的创作团队全力以赴，精雕细镂，力求每件家具都配得上中国顶级园林的荣光。经过大半年辛勤努力，终于在1987年出色地完成了这项文化精品工程。

网师园家具制作完成了，但许建平与网师园的缘分才刚刚开始。置换了全部家具后，为配合网师园申报世界文化遗产，苏州园林局决定恢复轿厅里的花轿，以此更好地体现古代苏州人的生活方式和民俗风情。可惜，仓库里只剩下几块花板，整个轿子造型荡然无存，也没有留下什么史料图片。

留下手艺

为此，苏州园林局遍访行业高手，但仅靠几块花板，众高手无人敢于接手。要复原这顶传说中的轿子，实在是困难重重！因为之前有恢复万卷堂家具陈设的业绩，有关人士想到了许建平并向苏州园林局进行了推荐，苏州园林局再次找到了许建平。许建平当时也觉得相当棘手，因为自己专攻家具，从来没有搞过与之关系甚远的轿子。于是谢绝。园林局的同志这下急了，说：许老师，我们已经在业内找过很多人了，找来找去，我们认为只有你才能承担起这项任务。万分拜托，务请帮忙！许建平看人家这么诚恳，心想，成功也罢失败也罢，为了这份世界文化遗产，无论如何也要竭尽全力帮助冲一冲……

许建平答应了。他用那几块残存花板的榫卯位置来定位，把基本的造型给研究了出来。这个过程其实非常艰辛，特别是轿子顶部如何处理，整体架构如何与实物吻合，仅靠几块残料去想象，是非常不现实的。冥思苦索中，许建平突然想到了苏州虎丘剑池旁那个石亭的顶部造型。他灵光闪现，参照那个四方造型，用许多精致的红木构件，把它恢复成古代苏州应有的轿顶模样。历经将近一年的精工细作，整顶轿子终于圆满完成，惊艳亮相于世人眼前。申报世界文化遗产期间，联合国教科文组织官员对此赞不绝口，这顶轿子也为网师园成功申遗立下了汗马功劳。你现在游览苏州网师园，在轿厅所看到的那顶轿子，就出自许建平的手笔。

第二章　明式家具（苏作）传承与谱系

　　据史料记载："苏州专诸巷，琢玉、雕金、镂木、刻竹，与夫髹漆、装潢、像生、针绣，咸类聚而列肆焉。其曰鬼工者，以显微镜烛之，方施刀错。其曰水盘者，以砂水涤滤，泯其痕迹，凡金银、琉璃、绮、铭、绣之属，无不极其精巧，概之曰'苏作'。"姑苏之地钟灵神慧，人文底蕴源远流长，匠师之技荟萃群芳，是以琢玉、刺绣、雕木、刻竹、髹漆等为鬼斧神工，精巧绝妙，铁画银钩，称之为苏作。

　　苏作红木家具造型文雅端秀，惜料如金，用材无多，精雕细作，在家具上多装饰有竹纹、梅花、几何纹、古玉纹图案，具有典型的江南文人的特征。《广绝交论》有言："雕刻百工，炉锤万物。"苏作的典范之一苏作明式家具，见证了千百年来苏州的人文历史，其明式家具一分为工，二分琢巧，三分出韵，入木三分者为匠师鬼工。苏作红木家具制作技艺，是我国首批列入名录的国家级非物质文化遗产。明式"苏作"家具早在 15 世纪中叶便开始初具雏形。在清中期，由于广式家具的创新（主要是洋化风格）得到宫廷的青睐，成为当时最时尚的家具风格，但做工上仍不及苏作，于是就有"广东样、苏州匠"之说了。

一　苏作明式家具文化

　　苏州城始建于公元前 514 年，已历经 2500 多年的沧桑。古城基本保持着古代"水陆并行，河街相邻"的双棋盘格局，小桥流水、粉墙黛瓦、古迹名园、吴侬软语的独特风貌。历史上这里物华天宝，人杰地灵，园林风景秀美，传统手工艺发达，是一座文化底蕴积淀深厚的古城。

自明嘉靖年后，苏州地区经济发达、文化昌盛，商品经济有较大的发展，并出现了资本主义的萌芽，这时期江南的农业和手工业的生产水平有所提高，工匠获得更多的自由，从业人数与商品大量增多。作为人类生活中的重要生活用具的家具在此时段一改宋代遗风，在工艺上使用精妙的榫卯结构，并出现了富有装饰性形式的构件，家具设计遵循礼规、人体功能、文化符号、适度尺寸，注重文人情趣的表达而更趋于完美。明代家具可以说在中国的家具历史上已达到了登峰造极的高度，在世界家具史的同一时代中也是无与伦比的。苏州地区成为明代家具的重要产地，更有文人雅士参与到此行业中并乐此不疲，多书香而略匠气，更施于精湛的制作技艺，并以其地域的独特风格倍受域外瞩目，得世人认可而誉有"苏作"之称。

"苏作"是以苏州及其周围区域为主的一种传统制作技艺，主要指以手工艺制作器物，自2500多年前建立苏州城以来逐步形成了"苏作"风格。在苏州的传统手工艺行业，以"苏"字命名的很多，不仅仅是家具制作，其他如苏绣、苏雕、苏裱、苏扇等，制作技艺为"苏工"，传统"苏作技艺"表现为做工精致细腻、寓意深刻吉祥、文化内涵丰富。不夸张地说苏州工艺门类齐全，至今亦为拥有国家级非遗项目最多的城市。

明式家具从史载的三百年的史料、近年从运河古道居民的了解与印证，完全符合并可以说明北京地区的明式硬木及榉木家具，大部分为南方制造，利用漕运进贡与销售至北方的。王世襄老先生著书论："生产精制的硬木明式家具的时代与地区，可以缩短成一句话，它主要是晚明至清前期，尤其是16、17两个世纪苏州地区的制品。"

明式家具普遍使用榫卯结构。榫卯结构在我国春秋战国时出现雏形，到了明代，家具的榫卯结构已经达到完美的最高水平。整件家具的全部结构，均在构件的原木本身制作出不同的榫卯，打造的家具几百年仍竖固如初，现今还能看到这些珍贵稀罕之原物，这不得不让我们叹服明代家具匠人的聪明才智和精湛工艺。由于家具乃木作之用具，有别其他如瓷器、铜器等，只要不摔损上千年均可保存珍藏；而家具是日常使用频率高且多为易损之物，更易受到环境、搬迁、战争、灾害等不利因素影响，至今尚存并流传下来的明代实物在民间乃是凤毛麟角，若是完整之物价至几十万上百万元已是常闻。

国家把苏州列入明式家具国家级非物质文化遗产传承地区，是对其为明代家具制作所做出贡献的地位给予权威性的界定。这是对历史的尊重。但今天综观这一技艺正处于大工业大生产的发展过程中，人的审美观念与生活习惯已得到颠覆性的改观，如何把这份传承工作做好，让国内外的家具爱好者与收藏者、鉴赏家了解并参与其中，这也是保护与传承工作中必须深入研究的内容。文化和技艺的传承并非是几个人或一部分人的事，这是需要一批传承人肩负起这份责任与使命去为之。

明式家具得到国内家具爱好者的日益青睐，国外也有许多家具设计师在设计中汲取中国明式家具的文化与艺术元素，设计出许多中西交融的优秀作品，期望能让更多的人真正地了解中国明式家具的文化艺术内涵。懂得一件家具不仅是造型外在的形制，更有内在结构的精湛独到之处，从内到外的完美才是一件真正成功的家具艺术作品。

二 明式家具（苏作）制作技艺流程

技艺流程也称工艺流程，指的是在生产过程中，劳动者利用生产工具，将各种原材料通过特定的制作顺序和加工手法，使之最终成为成品的方法与步骤。不同的器具，其制作的技艺流程也有所不同。苏作家具的技艺流程并非一成不变，不同类型的家具，其技艺流程也各有特点。同时，不同传承人群间、不同作坊间也各有特点。作为苏作家具制作技艺保护与传承的核心，根据实地考察及对代表性传承人的访谈，我们尝试对苏作家具制作中代表性的技艺流程进行学术性研究和系统性梳理。

1. 设计

传统家具设计师担负着对中国传统家具文化与艺术的传承。作为一位传统家具设计师，首先，必须具备扎实的手绘造型基础；其次，对家具的形态、榫卯结构、制作技艺等都要做到深刻理解、领悟和熟知；再次，对家具纹样的运用要做到熟知其寓意并恰当运用；最后，综合设计能力也至关重要、不可或缺。只有具备这些能力，方能设计出传统家具精准的实样图及加工制作图（图2-1）。

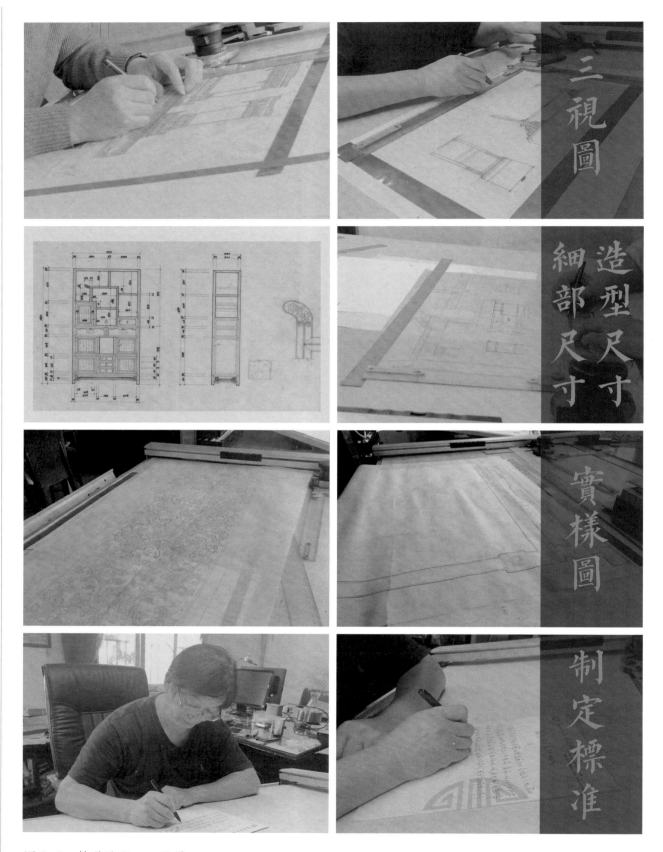

图 2-1　技艺流程——设计

2. 木工

木工是制作传统家具的主要工种，涉及开料、开榫、打卯、组装等重要环节，木工对制作工具的开发和高效使用直接影响到成品质量的优劣（图2-2-1~3）。

理线

部件修整

装配

图 2-2-1　技艺流程——木工

图 2-2-2 技艺流程——木工

制定榫卯
結構型制

開榫鑿眼

图 2-2-3 技艺流程——木工

3. 雕刻

（1）浮雕

传统浮雕雕刻技艺主要由实样拓贴、纹样粗凿、轮廓修饰、精雕细琢、修磨处理五部分构成，即将纹样描绘好再拓贴到雕刻部件的雕刻面上，纹样绘制、拓贴质量的好坏对后续加工有直接影响。最后，雕刻师凭借制作及审美经验对雕刻花纹的深浅程度、纹样层次关系以及细部特征进行再处理。

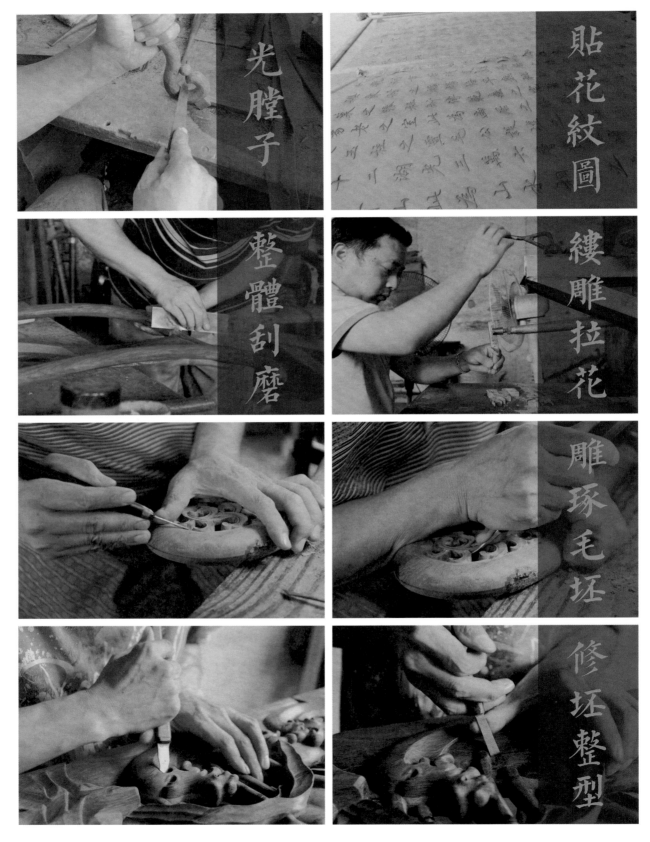

图 2-3 技艺流程——雕刻

（2）镂雕

按设计图样顺木丝缕贴，钢丝锯上下垂直拉空图案间的空白。对存在与保留的图案根据内容进行不同手法的雕刻，对雕花内容粗坯雕琢后进行整体的修饰。对拉空的垂直部分用光锉等工具进行修整，内膛须光滑无锯痕，花板边线流畅，笔直而均衡，边线外底板无水浪（图2-3）。

4. 漆工

漆工工艺是苏作家具制作流程中的特色工艺之一，也是我国古代家具史上的一门绝活。是经过反复打磨、擦漆、上色等纯手工技法进行的表面处理，包括磨、揩、舔、擦等十多道工序。其成品给人以质感光滑细腻、木纹清晰见底、光泽柔和文静、颜色经久不衰、气韵高雅古朴的感觉（图2-4-1~4）。

图2-4-1　技艺流程——漆工

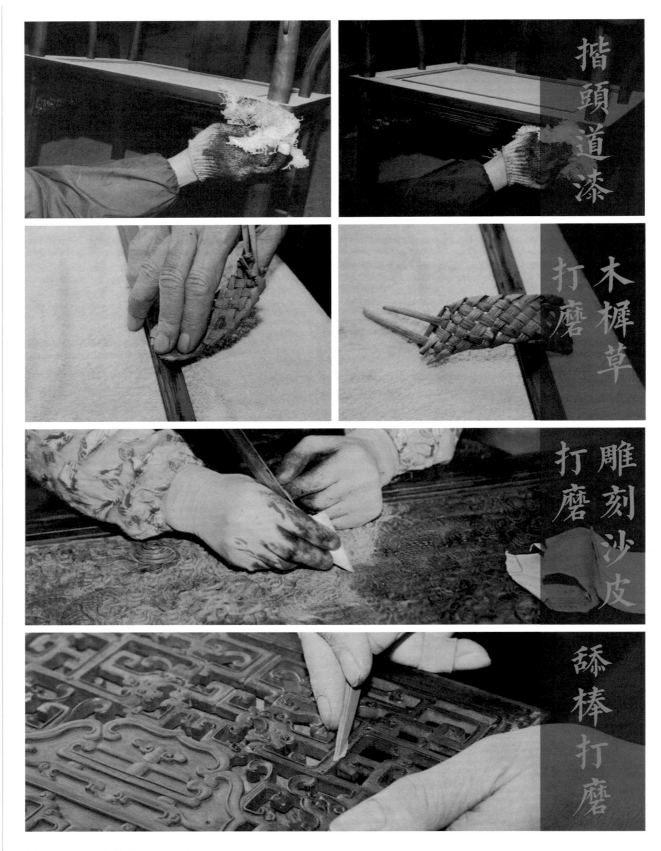

图 2-4-2　技艺流程——漆工

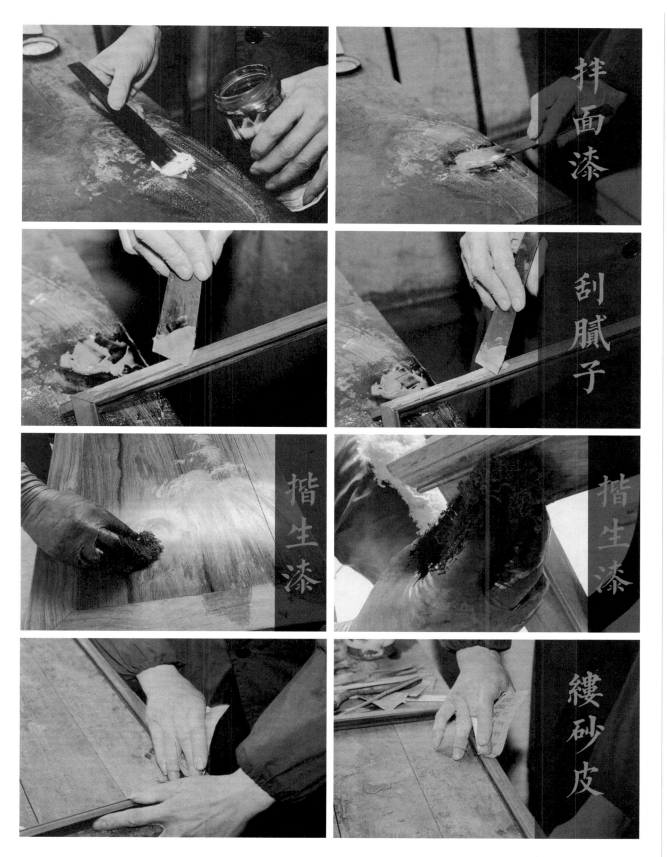

拌面漆

刮腻子

揩生漆

揩生漆

缕砂皮

图 2-4-3　技艺流程——漆工

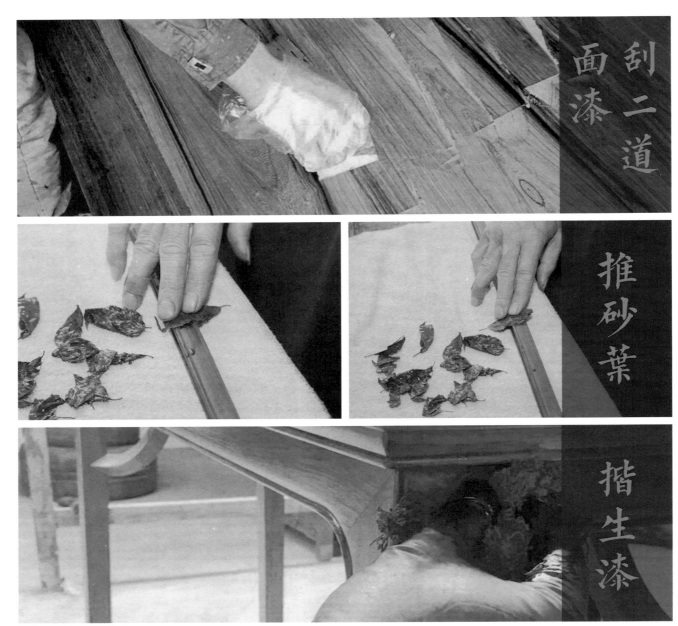

图 2-4-4 技艺流程——漆工

5.上蜡

制作成品家具表面经 2500 目以上手工磨光后直接在素光面上施蜡，再人工用纯棉布反复擦磨，且在过程中稍微加热，直至表面光滑细腻、柔中有亮、光可鉴人。

三　古典家具（苏作）榫卯结构（图 2-5-1~5）

扇形插肩榫

云形插肩榫

方桌结构——一腿三牙

方形家具腿足与方托泥的结合

图 2-5-1　榫卯

柜子底枨 方材粽脚结合

圆柱丁字结合榫 挖烟袋锅榫

图 2-5-2 榫卯

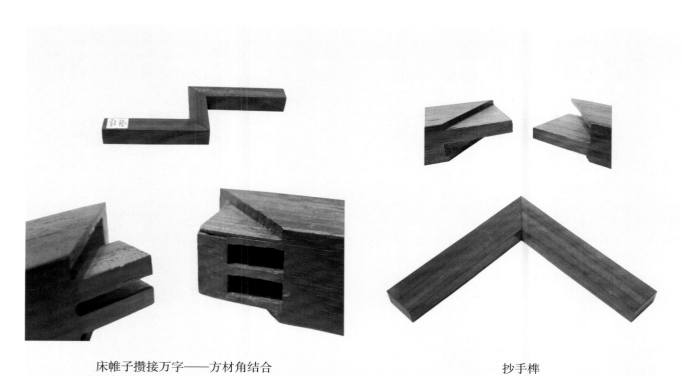

床帷子攒接万字——方材角结合　　　　　　　　　　抄手榫

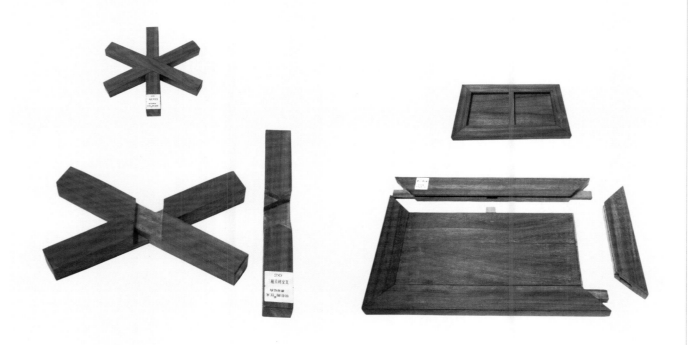

三根直材交叉　　　　　　　　　　　　　攒边打槽装板

图 2-5-3　榫卯

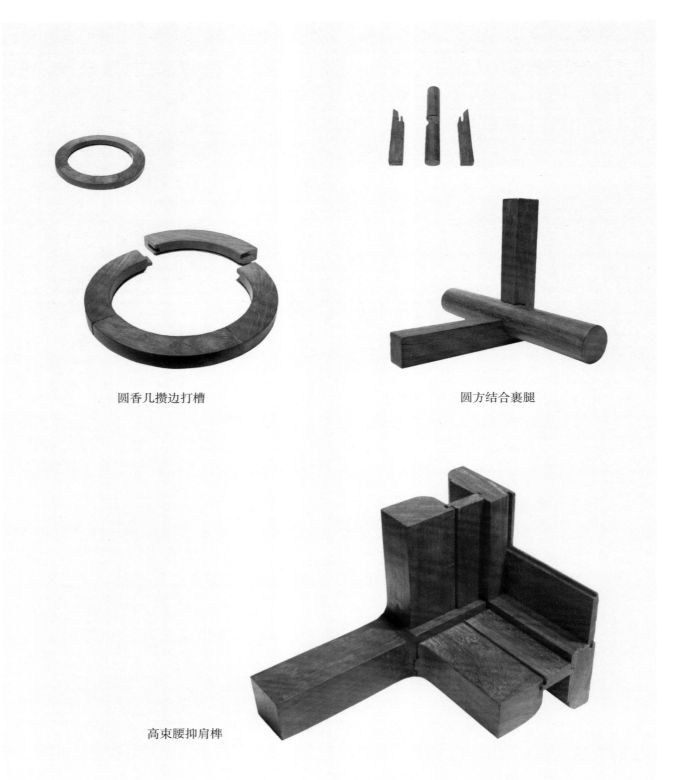

圆香几攒边打槽　　　　　　　　　　圆方结合裹腿

高束腰抑肩榫

图 2-5-4　榫卯

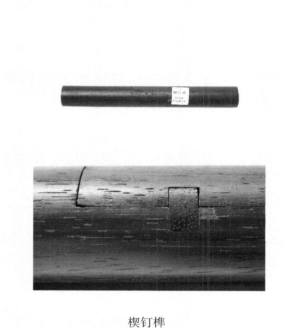

楔钉榫

椅盘的结构——椅子后足穿过

平板明榫角结合

图 2-5-5 榫卯

四 制作工具

1. 设计。画线：墨斗。

2. 木工。开料：锯子。铣料：长刨、平刨。理线：蚂蚁锉、凸镗。打眼：牵钻。

3. 雕刻。雕刻：圆凿、方凿、雕花凿、敲棒。

4. 漆工。水磨：木槿草。打磨：油漆刮皮、朴树叶。

5. 上蜡。刮：各型刮刀。磨：水砂、成型工具。上蜡：蜡及刷子、木刮子、棉布（2-6-1~4）。

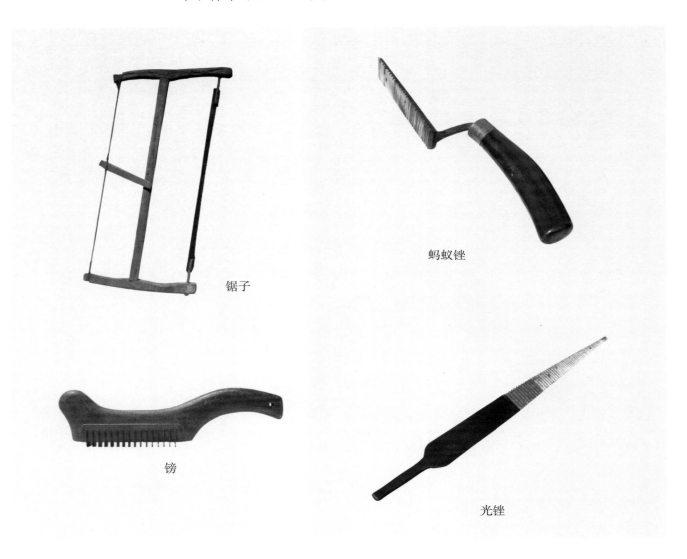

锯子

蚂蚁锉

镗

光锉

图 2-6-1 苏作家具传统工具

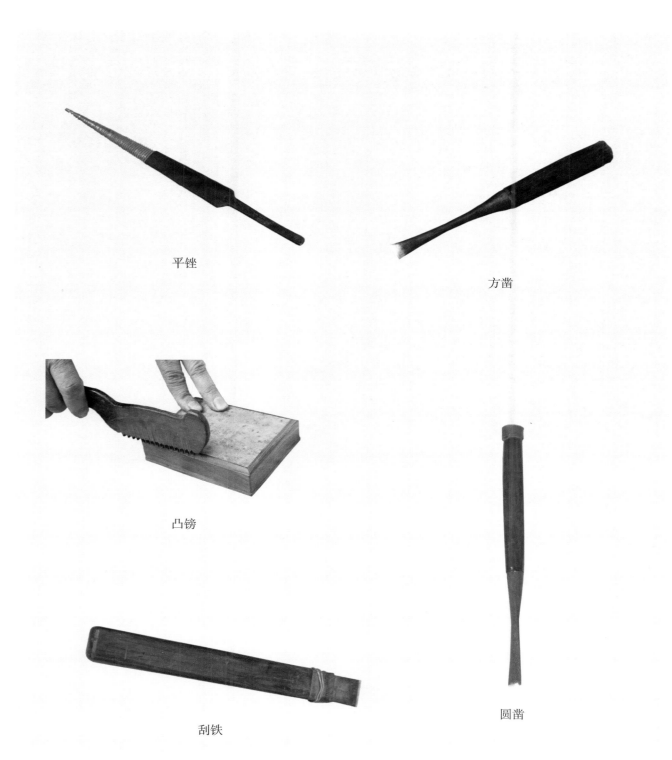

平锉

方凿

凸镑

刮铁

圆凿

图 2-6-2　苏作家具传统工具

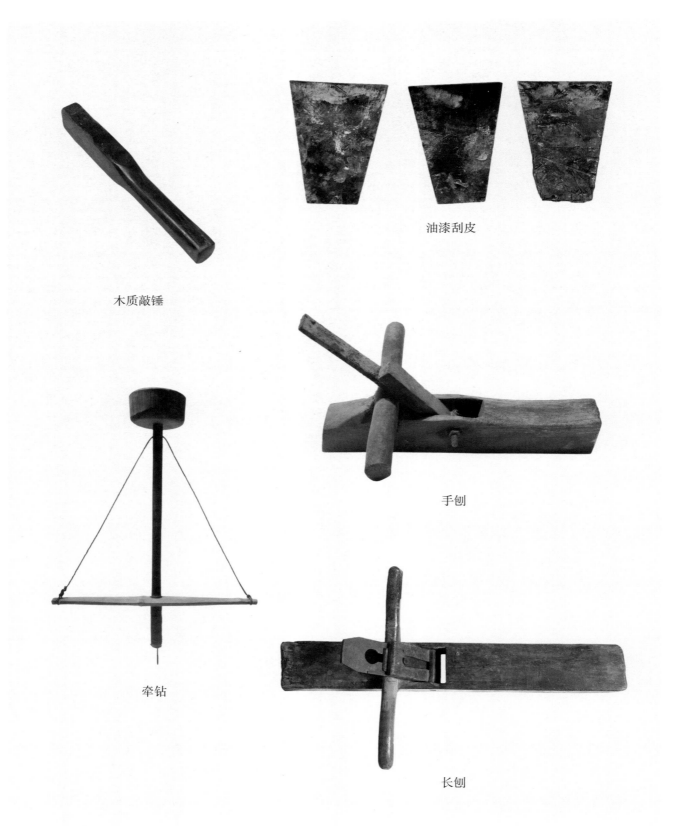

油漆刮皮

木质敲锤

手刨

牵钻

长刨

图 2-6-3 苏作家具传统工具

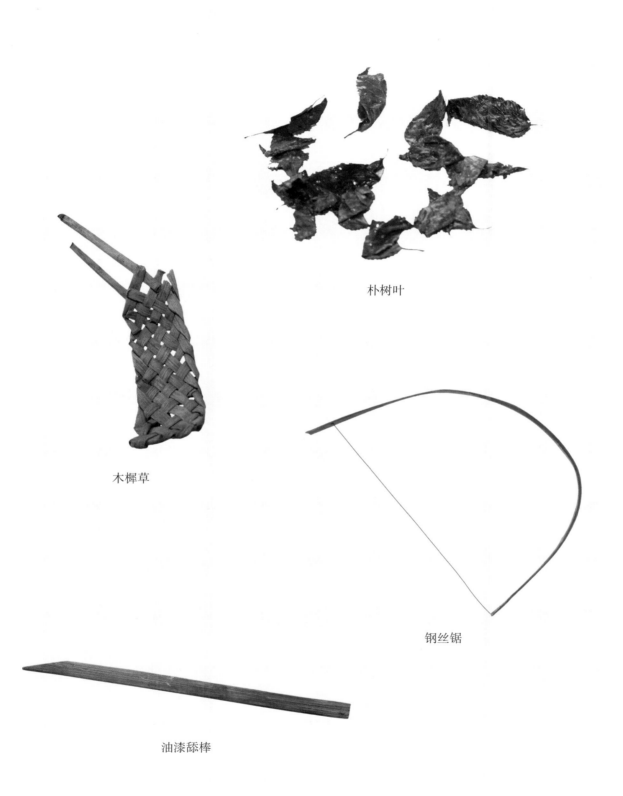

朴树叶

木樨草

钢丝锯

油漆舔棒

图 2-6-4 苏作家具传统工具

五 苏作家具制作标准

苏州作为苏作家具的源头，是中国古典家具的典范，是中国人文历史、人文精神的载体，是成就了中国传统手工艺文化的重要标志。坚持苏作家具制作技艺的传承，秉承着百年来的匠心之道，打磨苏作家具的艺术精髓，为中国留下一笔宝贵的文化遗产。2018 年 8 月 25 日，由苏州市家具协会、苏州市工艺美术学会、苏州市产品质量监督检测院举办并发布实施《苏作红木家具团体标准》。在该标准发布实施后，将严格统一规范苏作红木家具的标准，更明确地确立苏作家具的文化地位与重要性，该标准包含生产技术、结构工艺、质量检测三个部分，通过专业性、标准化的形式来保证正统的苏作红木家具。

第一部分为生产技术。明确了对苏作红木家具的用料、开料、干燥及木工、雕刻、漆工、五金装配的工艺要求进行了规范，以确保产品的基本元素与传承要求相符合；其二为结构工艺。规范工艺结构中的榫卯结构、常用线形等和对苏作红木家具设计、结构、工艺进行规范，保证了苏作的风格与精髓；其三为质量检测。要求对家具命名、分类、试验方法、检测规格和分级测评等规范，以保证产品的体系与品质。该标准的发布实施将更好地传承和发扬苏作红木家具。这是文化的复兴与觉醒，拉开了苏作红木家具史上又一个重要的时刻。坚持初心，不忘民族精神，同时也建立了健全、完善、统一的苏作红木家具标准体系，有利于苏作工艺品质的保障和世人对苏作红木家具的认知与发扬。

该标准是于 2015 年在苏州市家具协会红木家具专业委员会的提议下和苏州市产品质量监督检测院等单位的指导下，组织 30 家红木企业及许建平、许家千等多位工艺大师共同参与并起草的，这一标准为苏作红木家具团体标准迈开了重要的一步。它是由苏州红木雕刻厂的总设计师，国家级、江苏省非物质文化遗产明式家具制作技艺传承人许建平、许家千两位大师参与并撰写了详细、专业的制作资料，这为该标准的通过和发布做出了重要的贡献并打造了坚实的基础。《苏作红木家具》分为三个部分。

第一部分：生产技术。

第二部分：结构工艺。

第三部分：质量和检验。

第一部分主要规定了苏作红木家具的选材、开料、干燥、配料、木工、雕刻、漆工、五金装配的工艺要求、生产规范。

第二部分主要规定了苏作红木家具的设计规范、结构工艺规范，并详细列举了苏作红木家具的榫卯结构形态示意图、面框嵌板做法示意图、常用线形示意图。以及形成于明代的苏作家具之典型技法，如内圆角（内直角）镶平面，面框直角连接，内角做成圆角（或直角），板芯也做成圆角（或直角），两者无缝连接成一整体。面子呈一平面。

第三部分主要规定了苏作红木家具命名和分类、要求、试验方法、检验规则、包装、运输和贮存，并提供了苏作红木家具分等分级的测评规范。

该标准的发布和实施，将更好地使苏作红木家具的制作技艺得以规范应用，并为苏作红木家具产品的检测、检验提供依据。

六　苏作家具传承谱系

（一）传承人谱系（图 2-7-1~2）

吴麟昆
（1895-1978年）
红木小件制作手艺出众，有红木状元之称。

家具设计

雕花赵

陆涵生
（1905-1993年）
1930年拜吴麟昆为师，设计创作大师，1979年获中国工艺美术家称号。

家具设计

何阿林
（1903-1995年）
红木厂创始人之一，木工技艺出众，老艺人。

第一代

嵌金银丝

庄阿荣
（1918-1998年）
髹漆技艺老艺人，精通漆工各道工序，1987年任副工艺师。

徐文达
（1940年生）
拜师陆涵生老艺人，红木家具造型结构设计师，1987年任副总工艺师。

（1903-1978年）
雕刻老艺人，形成独特风格，"雕花赵"创始人。

（1910-1986年）
雕刻老艺人，擅长人物、佛像雕刻，1980年任副工艺师。

髹漆技艺

雕花赵

家具设计

赵子康

周福明

（1890-1963年）
红木嵌金银丝老艺人。

查惠铭

（1931-2012年）
赵子康之子，"雕花赵"第二代传人，雕刻技艺精湛，1987年任副总工艺师。

（1914-2005年）
红木大、小件造型设计师，1987年任副总工艺师。

赵凤云

邓可章

查文玉
（1936年生）
嵌金银丝老艺人查惠铭之子，创新了红木上嵌粗细丝，1987年任副总工艺师。

钱永林
（1913-2011年）
髹漆技艺老艺人，精通漆工各道工序。

周志明
（1952年生）
从事髹漆工艺数十载，老艺人，苏州市非物质文化遗产明式家具制作技艺传承人。

钱琪林
（1955年生）
从事红木家具制作。江苏省非物质文化遗产明式家具制作技艺传承人。

第二代

嵌金银丝

髹漆技艺

髹漆工艺

家具设计

家具制作

家具设计

（1921-2002年）
全面掌握红木小件、圆件制作技艺，1987年副总工艺师。

（1927年生）
红木大件木工老艺人，技艺熟练、精湛，1987年任副总工艺师。

（1920-2007年）
竹刻老艺人，在红木浅刻、竹雕方面形成了独特风格。

（1954年生）
拜师红木家具设计师徐文达，国家级非物质文化遗产明式家具制作技艺传承人。

（1956年生）
拜师红木家具设计师徐文达，江苏省非物质文化遗产家具制作技艺传承人。

林荣大

彭阿龙

高云福

许建平

许家千

图 2-7-1　传承人谱系图

张 林

（1955年生）师从漆艺大师钱永林，从事髹漆工艺数十载，熟练掌握并为髹漆改良做出了贡献。

陶建鸿

（1955年生）从事红木家具大件制作，技艺精湛。

金振华

（1970年生）师从赵凤云，"雕花赵"第三代传人，雕刻技艺精湛，2012年任工艺美术师。

谢耀忠

（1952年生）全面掌握红木小件制作技艺，苏州市非物质文化遗产红木小件制作技艺传承人。

王继德

（1955年生）全面掌握红木圆件制作技艺，老艺人。

王嘉明

（1960 年生）师从许建平，对家具设计与制作工艺的研究具有较高水准，原是一名机械设计工程师。

第三代

雕花赵　雕花赵　小件制作　小件制作

（1950年生）从事红木家具大件制作。产品质量副总监。

戴福宝

（1958年生）师从赵凤云，"雕花赵"第三代传人，雕刻技艺精湛，熟练掌握雕刻技艺。

蒋荷珍

（1968年生）师从竹刻老艺人高云福，木雕、竹雕、牙雕技艺精湛。

胡锦彪

（1954年生）全面掌握红木小件制作技艺，苏州市非物质文化遗产红木小件制作技艺传承人。

王认石

（1962 年生）师从许建平，是一名家具鉴评师、民间艺人，具有丰富的红木家具鉴赏经验。

凌永宝

曹建平

（1968年生）从事髹漆工艺数十载，熟练掌握漆工技艺。

沈易立

（1989年生）拜师许家干，基本掌握红木家具设计原理，2015年任助理工艺美术师。

冒乃华

（1972年生）熟练掌握红木家具漆工技艺，现为红木家具髹漆主要技艺人员。

第四代

家具设计　家具设计　雕花赵

（1980年生）拜师许建平，熟练掌握红木家具设计原理、设计软件及手绘，能独立承担设计项目，2015年任高级工艺美术师。

倪美红

（1970年生）熟练掌握红木家具雕刻技艺，现为雕刻主要技艺人员。

蒋晓东

（1969年生）熟练掌握红木家具木工技艺，现为红木家具大件主要技艺人员。

邓小林

（1988年生）师从金振华，"雕花赵"第四代传人，初步掌握雕刻原理。

薛 飞

图 2-7-2　传承人谱系图

（二）吴门大家家谱（图 2-8-1~2）

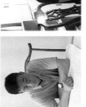

许建平
（1954年生）
国家级非物质文化遗产明式家具制作技艺传承人。

倪美红
（1980年生）
拜师许建平，熟练掌握红木家具设计原理，设计软件及手绘，能独立承担设计项目，2015年任高级工艺美术师。

徐奇
（1971年生）
拜师许建平，对于明式家具有一定的鉴赏与设计能力，2015年任高级工艺美术师。

顾林峰
（1982年生）
拜师许建平，对于明式家具榫卯结构制作及中小件木制品设计制作精通，现为助理工艺美术师。

苏晓红
（1960年生）
拜师许建平，学习造型、绘画，在螺钿盆制作方面技艺突出，2011年被评为工艺美术师，苏州市民间工艺家。

张文君
（1985年生）
拜师许建平，熟练运用雕刻软件，掌握一定明式家具制作流程，现为助理工艺美术师。

谢惠强
（1966年生）
拜师许建平，对于明式家具制作技艺及榫卯结构熟练掌握，现为工艺美术师。

史志晔
（1985年生）
拜师许建平，明式家具的结构及造型掌握扎实，现为工艺美术师。

周华民
（1970年生）
拜师许建平，对于明式家具制作技艺熟练掌握，现为工艺美术师。

李九生
（1985年生）
拜师许建平，熟练掌握红木家具雕刻技艺，雕刻作品备独特的风格，现为工艺美术师。

许达
（1985年生）
拜师许建平，能熟练掌握家具设计原理，现为工艺美术师。

王珏贤
（1985年生）
拜师许建平，熟练运用雕刻软件，掌握明式家具榫卯结构及制作流程，现为助理工艺美术师。

祁锡荣
（1955年生）
拜师许建平，对红木家具有相当的鉴赏能力和制作能力，现为苏州市民间工艺家。

何春方
（1977年生）
拜师许建平，熟练掌握明式家具的制作技艺及流程，现为助理工艺美术师。

黄兆洪
（1977年生）
拜师许建平，熟练掌握明式家具的制作技艺流程，尤其木工技艺较为突出。

於善波
（1970年生）
拜师许建平，在红木小件的制作方面表现突出，被评为民间艺人，木雕工艺师。

王嘉明
（1960年生）
拜师许建平，对家具设计与制作工艺的研究具有较高水准，原是一名工程师。设计工程师。

凌永宝
（1962年生）
拜师许建平，是一名家具鉴评师。民间艺人，具有非常丰富的红木家具鉴赏经验。

图 2-8-1 吴门大家谱系图

图 2-8-2　2018 年吴门大家博雅师门会

第三章　明式家具形成与特点

明式家具是中国家具史上的一种艺术风格。较早注意到明式家具的当属古斯塔夫·艾克和杨耀。1944 年，德国人古斯塔夫·艾克 *Chinese Domestic Furniture*（中文名《中国花梨家具图考》）在北京出版，印数 200 册。该书收录家具百余例，以硬木家具尤其是黄花梨家具为主，虽然书中并未提出明式家具的概念，但所选实例基本都属于明式家具的范畴，显然已对这种风格的家具有所重视。也因此，此书一直被视作有关明式家具的开山之作。当然，囿于时代认知的局限性，大部分只是明式的清代家具，亦被笼统地断为明代制品。杨耀为艾克的研究合作者，亦是重要的古建筑和古家具专家，1948 年，他发表了《我国民间的家具艺术》，这是一篇极其重要的家具研究文章。同样，文中虽未提及明式家具这一概念，但研究的对象，其实都是经典的明式家具。此外，较有影响的著作还有乔治·凯茨（George N. Kates）*Chinese Household Furniture*（《中国家居家具》，1948 年）。此书收录家具 112 例，多来自其居住于北京的妹妹或周围人的收藏，亦以明式家具为主。也就是说，至迟在 20 世纪 40 年代，虽然没有对"明式家具"这一概念进行总结，但对明式家具这种风格的家具，已经有了较为深入的了解，而且已经引起一批以中外知识分子为主的在京人员的关注和收藏。

20 世纪 70 年代，对明式家具的概念尚未有严谨的总结，但已经普遍开始为家具业界接受。顾名思义，当时对明式家具的认知基本为"明代样式的家具"。陈增弼《明式家具的功能与造型》一文是较早的对明式家具进行较深入探讨的文章，他强调明式家具所指的是我国 15~17 世纪具有一致时代风貌的家具，不以王朝更易为区别[1]。王世襄《明式家具研究》则对明式家具这一概念，进行了较全面的总结：

> "明式家具"一词，有广、狭二义。其广义不仅包括凡是制于明代的家具，也不论是一般杂木制的、民间日用的，还是贵重木材、精雕细刻的，皆可归入；就是近现代制品，只要具有明式风格，均可称为明式家具。其狭义则指明至清前期材美工良、造型优美的家具。这一时期，尤其是从明代嘉靖、万历到清代康熙、雍正（1522~1735 年）这二百多年间的制品，不论从数量来看，还是从艺术价值来看，称之为传统家具的黄金时代是当之无愧的。本章范围只限于后者，即狭义的明式家具[2]。

简言之，明式家具概念滥觞于 20 世纪 40 年代，总结于 20 世纪后半叶，发展至今，已有数十年时间。

在过去的三十余年里，明式家具从古代日用器的范畴逐渐变成炙手可热的收藏品，无数的明式家具从山村古迹或城镇里巷被发掘出来，成为收藏机构和收藏家孜孜追求的目标。时至今日，各个原产地的家具资源已经被挖掘殆尽，甚至早年间经由香港走向全世界的各种家具，也因第一代收藏者渐渐老去，又一次释出，展现在人们面前。笔者无意于着重描述这一过程，这里的叙述意在说明一个问题，即这三十年（尤其是近十年）来，涌现在市场上或私下辗转自收藏家、收藏机构的家具，数量庞大。众多庋藏于博物馆的家具也因展览、出版而公之于众（诸如故宫博物院、承德避暑山庄、沈阳故宫博物院、颐和园及各个博物馆所藏者）。更借助网络时代、手机终端的极速发展，无数的信息开始展现于大家面前，信息的传播与交换从无如此便捷和快速。这些条件下，我们虽不至于一窥明式家具的全貌，但对明式家具的大体脉络或基本情况，还是有了更加深入和具体的了解。综合论之，主要产生了以下一些新的认识：

一，今日所见大部分明式家具的制作时间应该在清代早期，尤其是黄花梨、紫檀为首的硬木家具，其制作高峰应出现在清康熙时期，甚至不少明式家具经典结构和造型，都是这一时期才出现的[3]。

二，当下对大部分家具（包括明式家具）的断代偏早。就硬木家具而言，只有极少数可以确定是明代制作；而软木家具，能早于明中期的传世品，也

[1]
陈增弼：《明式家具的功能与造型》，《文物》1981 年第 3 期。
[2]
王世襄编著、袁荃猷制图：《明式家具研究》第一章《明式家具的时代背景与制造地区》，第 6 页，生活·读书·新知三联书店，2007 年。
[3]
张志辉：《漫谈明清硬木家具的两个问题》，《清风山房藏明清家具》，故宫出版社，2017 年。

已罕有。

三，明式家具的主要产区，不只是苏州地区，就江苏而言，硬木家具的重要产区在江苏北部的南通、扬州等地[4]，上海周边的华亭、云间等地亦是。此外，在浙江、福建、安徽、山西、陕西、河南、河北、山东等地，都有优秀的明式家具制作，而浙江、福建、安徽等地都是较重要的硬木家具制作地区。

四，明式家具的概念需要被重新定义。目前看来，这一概念更偏向于是指 17 世纪流行的一种艺术风格，超越时代、地域、材质的概念。

以上是对明式家具这一概念发展过程的简单总结。

一 明式家具出现的历史与背景

中国家具的历史甚为悠久。新石器时代，有睡、卧用的兽皮、野草等原始家具。秦汉时期，以楚漆为代表的漆家具，已是门类丰富、造型多样、装饰繁华，成为家具史上的第一个高峰。此时的起居方式为席地而坐的低坐时期，座席、榻、屏、凭几、矮几、矮案是主流家具。

汉代，随着佛教东传，胡床、绳床、筌蹄等坐具进入中国，垂足而坐的方式和适宜这种方式的高型家具逐渐出现。此后，中国家具一路绵延发展，并与西方不断交融发展。隋唐时期，垂足而坐的方式已经大为流行，有壶门台座式结构的家具大行其道，椅子和桌开始使用。

历五代而至宋，席地而坐方式基本退出历史舞台，高型家具成为主流，家具的各种门类基本齐备。明式家具的经典造型刀牙板、四面平等，都已经出现，插肩榫和夹头榫两大结体方式也较为普遍，前者在北方辽、金统治地区尤为常见；后者则南北都有。元代虽然短暂，但是北方草原文化粗犷豪迈的风格还是深深影响了中国家具的造型（当然也包括之前辽、金文化的影响），三弯腿、高束腰等造型和卷草纹开始大肆地出现在家具上，使得家具风格除了内敛含蓄外，还有自由奔放者，此一风格在北方地区尤其是山西地区流行甚久。

明代，中国家具得以大发展，至明末时，孕育了中国家具的高峰——明式家具。明式家具的造型，基本都是延续宋元家具造型，但是比例更加得体，制式文雅含蓄，结构也更科学，一些宋元时期不成熟的结构趋于成熟，多余

[4]
张金华：《维扬明式家具》，故宫出版社，2016 年。

的不合理构件被省略，不经济的做法被遗弃。材料更加丰富，尤其是开始采用黄花梨、紫檀等硬木制作家具，造型可以更加秀巧，线条可以更加舒畅而准确，细节可以更加精细入微，打磨可以更细致，木质自然屈曲变化，纹路得以重复展现，达到以自然为饰的效果……

　　明式家具按照地域风格，主要有苏作、晋作、京作三大流派，此外，山东、安徽、福建都有数量可观的明式家具被发现。其中最能体现明式者，莫过于苏作家具。苏作家具的产生地处于环太湖和长江中下游地区，行政上今隶属江苏、浙江和安徽地区，在明代中晚期，形成了上海华亭、云间文化艺术圈，代表人物有董其昌、陈继儒、陆树声、莫是龙等；苏州文化艺术圈，代表人物是文徵明、沈周等；南京文化圈，以留都官员和相关文人士大夫为代表。这些文化艺术圈出现的时间前后不等，但都发挥着巨大的作用，影响周匝，波及全国。与此同时，在明中晚期，江南地区商品经济大发展，社会财富丰富，手工业者的活动也更加自由。一方面，是使用者有着高雅的审美需求，另一方面是制作者有着高涨的制作动力，而积累的社会财富又足以提供材质、劳务、运输等方面的条件，多方面的结合，孕育了脍炙人口的明式家具，一路绵延发展，终于在 17 世纪达到了制作的高峰。

二　明代硬木家具制作及其风格简述

　　以黄花梨、紫檀等硬木制作的明式家具，是明式家具中最具代表性者，宛如家具大海中一颗熠熠明珠，使人赞叹不已。这里有必要简单阐述硬木家具制作之初，即明代晚期硬木家具的相关问题。

　　《云间据目钞》中范濂言"凡床厨几桌，皆用花梨、瘿木、乌木、相思木与黄杨木，极其贵巧，动费万钱"，并一再强调"细木家伙"的泛滥。《长物志》《广志绎》等诸多文献也证明在明晚期江南地区确实已经有一定量的黄花梨、紫檀等硬木家具制作，《酌中志》中关于造办"硬木床、柜、阁及象牙、花梨、白檀、紫檀、乌木、鸂鶒木双陆棋子、骨牌、梳栊、螺钿、填漆、雕漆盘、匣、扇柄"的记载显示内廷中亦开始使用硬木家具。

　　以上提醒我们明代晚期确实是硬木家具制作的重要时期，但这里不得不再次强调实例罕见这一事实。从遗传的实例看，除了还有不为所知的部分外，

留下手艺

大部分可能在历史流传的过程中烟消云散,改做、拆作材料等途径都可能使得时代信息湮灭无痕。另一个原因,从宏观角度考察,主要的明式硬木家具制作时间可能在清代康熙至乾隆时期。这并非妄言,如前所述,更容易确定制作年代的漆家具提供了很多信息,将一些家具结构或造型的流行时间指向了这一时期,诸如罗锅枨、洼膛肚、卷球足等。尽管我们在早期的漆家具上也能看到类似这些造型的身影,但呈现的意趣差异远大于后期。

无论是可以确定的少量明代硬木家具,还是有一定量的明代漆家具,两者都可以让我们对明代的家具有一个重新的认知。在对明式家具感性的认识里,秀美、优雅这些形容明式家具的感性词语似乎不大适合明代硬木家具。整体造型而言,明代硬木家具偏朴拙,比例较为低矮而宽阔,装饰朴素,曲线甚为自由,有时也有较为繁复的纹饰,大多偏写实,较为具体而生动。

笔者深信艺术风格是判断时代最为可靠的因素之一。当然,对于艺术风格的感知很容易有主观方面的偏差,需要谨慎。如果我们检视某个时代各个门类的艺术品,从平面的绘画到立体雕塑,都呈现出非常一致的时代风格,哪怕某个时代极为另类的艺术风格,从大的格局来看,也很难跳出大时代的艺术特征。从明代的绘画、器物、建筑等门类的艺术风格来看,我们所谓的"明式家具"风格确难与之相符。

简、繁与时代的关系,只存在于部分同一种造型的家具在发展过程中呈现的不同状态,并不具备时代的先后关系。换句话说,简约或繁复的家具,是家具发展的两条路线,自诞生至今,一直在延续不断地制作着。关于这两种风格的明代家具,可举两例谈谈。一例为现存南京博物院的明万历充庵款黄花梨镶铁梨木面平头案(图3-1),长143厘米、宽75厘米、高82厘米,以黄花梨为框,镶嵌铁梨木面心,铁梨木大流水纹,亦如山峦起伏,文雅隽永。冰盘沿也做得甚为特殊,下方收敛后并不起线,如同唇口,取得了饱满圆润的效果。扁圆腿,在一侧腿足看面刻有篆书三列:"材美而坚,工朴而妍,假尔为凭,逸我百年。万历乙未年元月充庵叟识。"此案为少有的可以确定为明代的黄花梨家具,其造型可上溯至宋,所有的结构无一可减,可作为简约风格的典型代表。另一例为上海博物馆所藏黄花梨天马寿字螭龙纹靠背椅(图3-2)。此椅的下座如同一件四面平式方杌,靠背装饰极为复杂,但框架横竖枨高出雕花绦环板甚多,起简练的剑脊棱压边线线脚装饰,与绦

56

图 3-1
明万历·充庵款黄花梨
镶铁梨木面平头案（南
京博物院藏）

图 3-2
明晚期·黄花梨天马寿
字螭龙纹靠背椅（上海
博物馆藏）

环板繁细的雕刻形成对比，繁而不乱，层次清楚。搭脑为弯弓形，靠背上的绦环和牙雕刻松鹤寿字、天马饮泉、兰花、葵花、竹图、荷花鹭鸶、荔枝、玉兰、螭龙纹，典型明晚期雕刻特征，雕工精湛无比。尤其是一笔盘成的寿字，是明嘉靖时期的典型样式，此椅的制作时间应该也在嘉靖或万历期间。初见此椅，稍觉怪诞，但是仔细品味，确实颇有高古风范，上接宋元，是一件装饰秾华的明式家具。

三　明式家具之美

明式家具的美，可以从各个方向去考量，可以客观科学，亦可以主观感性，无所不可，这里试就从材、艺、形、韵几个方面略作探讨。

（一）材料之美

在家具的品评中，材料并不是最重要的，但材料是家具制作的基础，有必要先谈谈材料之美。

中国家具的用材，以木为主，非常广泛，尚有竹、石、金属、陶瓷、珐琅等，就木而论，又有黄花梨、紫檀、乌木、黄杨木、红木、铁梨木、鸂鶒木、楠木、榉木、榆木、瘿木等。

家具用木，大致可分为两种情况，一种是表面髹漆，遮住木纹，简单者薄擦数层，复杂者披麻挂灰后髹漆，甚至有彩绘、描金、雕漆、填漆、镶嵌等复杂工艺。这些家具大多以楠、松、杉等软木为材，制作历史悠久，几乎贯穿中国家具发展史。另一种是素木家具，表面加工平整后施以烫蜡等工艺，只做保护处理，或突出质密的表面，或突出优美花纹，前者以紫檀、乌木、黄杨木等坚硬木材为典型，后者以黄花梨、铁梨木、鸂鶒木、楠木、榉木、瘿木等为代表。有意识的素木家具制作历史并不久远，大量的制作始于明中晚期。欣赏家具，关注其材质美，主要是针对素木家具。

以黄花梨、紫檀为首的硬木是制作中国传统家具的上好木材。它们在中国家具用材的地位，并不只是因为珍贵难得，更重要的是它们坚硬细腻，能够加工出更为秀气的结构，更为精准的榫卯，适宜雕琢，打磨抛光后，抚之如玉，显现的纹路屈曲变化，呈现出山峦、流水、水波、虎皮、宝塔等不同形态纹路，发出若琥珀、若绸缎的光泽。木材又有着幽香、檀香、辛香、清香等不同气味，有的家具历数百年，尚能散出淡淡馨香，沁人心脾……这些都是木材本身的优点。当然，欣赏木材之美，是基于其能制作成更美好的家具，有益于家具结构或装饰的需求，若是抛开了家具只看木材，就陷入"唯材论"的极端思想了。清华大学艺术博物馆藏有榉木夔凤纹矮南官帽椅（图3-3），座长71厘米、座宽58厘米、高77厘米，选用江南地区常见的榉木制成，造型矮而阔，甚是大气，是禅坐用椅，造型比例皆佳，做工亦到位，其靠背甚宽，上铲地浮雕有双夔凤纹，皆是经典手笔，然其靠背板的选料为大山字纹榉木，愈靠近上部木纹愈紧密而清晰如画，也为这件官帽椅增色不少。收录于《明式家具研究》，今藏上海博物馆的黄花梨卷云纹插肩榫翘头案（图3-4），其案面以一块黄花梨独板制成，上面有黄花梨经典的虎皮纹，若水波荡漾，质如美玉，妍美非凡，想是制作者也爱惜材料，将有美丽花纹的独板完整保留，稍加裁制即成器。

材料的运用之美，是匠作智力的体现。一木一器的做法虽然确有所见，但也是极少的情况。在有限的条件下，将才智发挥到极致，创造出无限的可能，是中国古代工匠们所长。好的家具，用材不一定珍贵，但必然要考究。

图3-3
清早期·榉木夔凤纹矮
南官帽椅（清华大学艺
术博物馆藏）

图 3-4
清早期·黄花梨卷云纹
插肩榫翘头案局部（上
海博物馆藏）

以木纹的应用为例，柜门心的选择必然是一板对开，花纹对称为上；椅具的靠背板，若是光素，山水般的木纹自然能带来不少装饰意趣；方直的立材，弦切面花纹曲折变化，径切面木纹顺直，自然要将好看的花纹放在看面；桌案的大边或抹头，可以选择木纹对称或一致者……

　　不同的木材相互搭配，兼顾结构、装饰、经济的要求，也是材料运用之美的体现，黄花梨与铁梨木的搭配，紫檀与楠木的搭配，还有家具中瘿木、石板的应用等，都是很经典的方法。很多瘿木面、铁梨面等文木面心的家具，若是将面心换成黄花梨，即所谓的"满彻"，反而是寡然无味了。至于面心下的穿带、箱盒的底板、柜橱的背板等平时看不见的地方，采用铁梨木、榉木、榆木甚至松木、杉木，都是经济合理的做法。故宫博物院藏有一件黄花梨镶铁梨木画案（图 3-5），长 235.4 厘米、宽 72.8 厘米、高 78.3 厘米。边框采用明窄暗宽的做法，上方仅留有寸许宽，选料甚精，黄花梨料晕结连连，如同锦缎般簇拥在山水纹铁梨木面心周匝。腿足以大料制成，如同建筑的柱子一般承托案面，修长的牙条又恰好减轻了视觉上的沉重感。

　　材料是否充分，也影响着家具的品质，当然这在很大程度上是由物力或者财力决定的。在同等条件下，独板的桌案面必然比拼板的做法更考究，装饰效果自然更好，一木连做的束腰、牙板，必然比分体的做法更合理。虽然

图 3-5
清早期·黄花梨镶铁梨
木画案（故宫博物院藏）

存在奢侈的嫌疑，但是一板挖出的牙板必然比榫接的牙板考究。其他诸如桌案面边抹的宽度、面心的厚度，越是材质充足，越容易达到理想的状态。

（二）工艺之精

中国家具的制作，本是基于农耕文明的背景，经验辈辈积累，一个成功的造型凝聚了数辈甚至数十辈人的经验和心血。手艺是师徒相传，不断地传递下来的，除了匠师本身的素养外，艰苦的训练和经验的获得，对于手艺的高低至关重要。时至机械文明的时代，高速度、高准确率的机械进入加工环节，无论在心理上还是生存条件上，都对传统生产方式造成极大的冲击，虽然今日仍然有人坚守传统，但是高速发展的信息化时代，农耕文明的宁静一去不返。于是，我们希望从古代家具中，能读出更多的工艺信息来，巧与拙，从蛛丝马迹中获得，承载着我们的追忆，去赞叹那些精巧的工艺。这其中，不唯有古人口中的那些奇技淫巧的结构或者巧夺天工的雕琢，还有朴实的加工下体现出的娴熟和老道。

榫卯是隐藏在家具表面下的，若是有机会拆解家具，就时有一些超乎想象的精巧榫卯发现。家具能够留传数百年而屹立不倒，除了保存条件外，也取决于结构和榫卯方式是否合理。虽然大部分情况下没有条件拆解家具，但是榫卯的交接是否利落，相交的部位是否处理得当，是显然可见的，好的榫卯方式，即使有磕碰损磨，边缘依然峰棱不减，慢节奏下的手工艺者反而能够达到更为精准的加工度。当然这个差别不在于机器，而在于操纵机器者本身。比如古家具的笔直交界线、悠扬的弧度，今人就很难达到。

构造是部件与部件的连接方式。虽然家具的构造有一定的规律性，但是匠人们知道因家具的尺寸、功用不同，采用合理的构造，适当调整方式。有一条经验，凡是异于常规的构造或部件，如果排除后人臆造的情况，一般都是出于更合理的功用目的，一定有具体的功用，值得我们仔细揣摩，"为什么这么做"的背后往往能发现古人的巧思，届时自然惊叹于古人构造的合理。还有可以拆卸或折叠的家具、藏有机关的构件，虽然于今天而言这些可活动的机构大多很容易实现，但于古而言，这融合了匠师更多的智慧。而且，古人往往能以极简单的方式实现复杂的功能，巧思不让今人，这依然是构造的魅力。如故宫博物院藏有一件紫檀镶黄花梨攒牙板翘头案（图 3-6），长349.3 厘米、宽 61 厘米、高 73 厘米，面心镶嵌一整块黄花梨大面心板，紫檀亦是难得的长大材料，如此巨型的家具，搬运、挪动都很困难，故而制作成活拆式，拆散过程中，可发现无论大小榫卯，均法度谨严，质朴直接，却又处处合理，制作一丝不苟，非功力深湛的匠师难以制此大器。

雕刻而言，是以装饰为目的，好的雕刻应该是因形而施，因材而施。家具的造型变化多端，雕饰繁简有别，纹饰千变万化，雕刻的位置非常关键，于繁而言，多在牙板、门心等处，当是繁而不乱，主次分明为好；于简而言，多在牙头、靠背板、腿足等关键处，应该简而隽永，有画龙点睛效果为佳。

图 3-6
清早期·紫檀镶黄花梨攒牙板翘头案（故宫博物院藏）

不同的材料，硬度和木纹走向不同，就适宜不同的雕琢刀法和图案，硬木适合刻画细节，软木适合描摹神情。具体而言，黄花梨、榉木、柏木等浅色木质多雕刻浅淡，图案轻灵活泼，不掩盖木纹本身的自然美；紫檀、乌木、红木等材木色沉重，多采用深雕、圆雕，突出凝重造型，暗色的木纹不会使纹饰形象有糟乱之感；黄杨木细腻，多精雕细琢，铁梨木粗犷，则大刀阔斧，气势飞扬。家具上的雕刻，重在气韵生动，与中国书画的意趣相符，即使有雕刻整齐细致如工笔画者，也以传达神采为目的。尤其是动植物雕刻，注重内里骨力的表现，表现旺盛的生命力，若是一味追求纤细入微，着眼于翎毛指爪，得形失韵，就落入奇技淫巧的下乘手艺了。对于抽象图案的雕琢，善者刀法婉转流畅，随意挥洒，观之身心愉悦；也有刀法稚嫩朴拙，表现天真烂漫者，观者可得率真之趣。前文所引上海博物馆藏黄花梨天马寿字纹靠背椅，据王世襄载，陈梦家曾誉为"天下雕工第一"，虽然有过誉之嫌，但确实是精彩绝伦的雕刻工艺，鲜见能与之匹敌者。故宫博物院藏有一件黄花梨独板围罗汉床（图3-7），长217.2厘米、宽114厘米、高78.5厘米，以三块独板为围子，光素无纹，床座亦甚为素气，大挖而成的马蹄腿，壶门牙板曲线悠扬变化，令人赞叹的是唯在壶门山字形尖处亦本该挖掉的余料雕刻倒垂灵芝纹，颇得画龙点睛之妙。

除前述外，家具涉及的工艺还有很多，一器之成往往历数道工艺。但工艺只是手段，其达成的造型和产生的韵味才是目的。鉴赏家具不能陷入"唯

图 3-7
清早期·黄花梨独板围罗汉床（故宫博物院藏）

工论”的泥淖。

（三）造型之佳

造型之赏，有局部造型和整体造型之别。好的家具，局部服从主体，各部分之间相互呼应，浑然一体。局部造型而言，牙头的样式、马蹄腿的高低、壶门的曲线等，都属此类。需要特别提出的是局部造型往往还反映出年代的、地区的特征，也会影响观者对于局部造型的鉴赏。比如马蹄腿，早期大多扁矮，晚期大多高俊，不少的行家们喜欢前者多于后者，那是悦于其中的古老气息，但若以比例、结构等构成角度考察，未必后者次于前者。这样的情况，在其他局部也存在。

整体造型而言，家具会呈现出秀与憨、简与繁、妍与朴、刚与柔等面貌。关乎整体造型的元素除了前述的材质、工艺和局部造型外，还有比例、尺度等。至于高矮、长短、阔窄不同，都会形成不同的观感。而不同地区的家具，呈现不同的面貌，京作见其端庄，苏作见其秀美，广作见其华丽，晋作见其古拙。时代而言，清代秀丽、明代朴实，还有元代的秾华、宋代纤秀乃至唐代的富贵，各有所品。有一些家具造型，另出机杼，却又合乎比例、工艺的规律，也属佳品。若只是具新奇特点，整体不协调自然，则是"怪"或"怯"的问题了，然独特与怯，差别往往在一线之间，需要仔细品鉴。杨耀旧藏黄花梨五足香几（图3-8），面径38.2厘米、高106厘米，此几造型外轮廓如同一件优美的宋代梅瓶，面较小而肩部鼓出甚多，形成鲜明的对比，腿足高挑，以大料挖成悠扬的"S"形曲线，末端上翘，承以圆珠，轻盈优美，束腰处又意外地做成混面，上设开光，浮雕螭凤，整体宛如亭亭玉立之少女，美观大气处图文难传，唯站立其旁才能知其绝佳。古代香几多有美品，再如《留余

图 3-8
清早期·黄花梨五足香几（木趣居藏［杨耀旧藏］）

斋藏明清家具》中选录的一件黄花梨三弯腿方香几，腿足也是优美非凡。

（四）余韵之绵长

韵味是产生于具体的形体，却高于形体的抽象感悟。中国的传统艺术，不管是书画、陶瓷、玉器、雕塑乃至建筑、园林等，打动人的往往是整体气韵。鉴赏家往往喜欢"原来头"的家具，是因为这些家具从制作后没有进行过修配改装，整体的风貌统一，气韵流畅，观之舒心自然。有一些家具的造型并不完美，工艺算不得精湛，材质也不一定名贵，但产生的独特韵味，往往最打动人心。

韵味有家具个体独特的精神体现，又有整体中国艺术的共性。每一件家具，都具有自身独特的韵味，无论前述材质、工艺乃至造型的变化，都会引起韵味的改变。但整体看中国艺术，又大多具有含蓄、深远、生动等东方意趣，这是跨越门类的通体精神，其原因为物所折射的是生活状态，在同样状态下产生的艺术品，自然有时代印记和地区特征。收录于王世襄《明式家具

图 3-9
清早期·黄花梨双螭如意纹四出头官帽椅（上海博物馆藏）

研究》，今藏上海博物馆的一对黄花梨双螭如意纹四出头官帽椅（图 3-9），座长 58.5 厘米、座宽 47 厘米、高 119.5 厘米。该椅用材极细，曲线变化又大，恍若曲铁为之，座面上部几乎无处不曲，由大大小小的弧线变化而成，刚柔并济，气度闲适而韵致非凡，面面可观，使人观之就觉是修养不凡之大家闺秀，气胜于形。同样录入书中且藏于上海博物馆的另一件黄花梨五足圆香几（图 3-10），面径 47.2 厘米、高 85.5 厘米，造型极为简练，腿足以极大的材料挖成内卷状，整体视之如同一件硕大的灯笼，然处处加工到位，有大造型，亦有细致用心处，观之如赳赳大丈夫，然气势舒张适度，雄伟而无粗陋处，若仁厚君子。此几被很多业界人士视作上海博物院家具之冠。

欣赏家具，可以按照韵、形、工、材的顺序去看。韵味第一，但韵味又依托造型而存在，是工艺、材质等元素的综合表现。故而一件优秀的家具，是多方面综合的结果，凡韵味生动者，必然形态不俗，出自善制器者之手，且选材精良。家具如果不具韵味，造型优美或独特者也差可，要是"韵""形"皆失，徒有"工""材"，就落入俗套了。此外，家具是实用器具，如果造

图 3-10
清早期·黄花梨五足圆
香几（上海博物馆藏）

型、工艺、材料与功能相悖，就是失败之例了。

　　明式家具从开始受关注到今天，已经近百年，我们对明式家具的认识，也由原来一朝风格转换为一种古代艺术风格。关于明代家具和明式家具的很多问题，我们的研究和认知绝不算深刻，还有太多的研究方向要拓展，太多的细节要发现，太多的问题要审视，而明式家具实例，也随着时代的发展，越来越多地展现在我们面前。当下，我们研究实物，出版图录，以传播明式家具文化。我们依样制作，亲身体验，以感受明式家具文化。愿越来越多的人能认识到明式家具之美，愿明式家具之花更加璀璨！

第四章　明式家具传承与发展

一　许建平明式家具传承基地

　　许建平明式家具（苏作）传承、研发基地始建于2013年，创立品牌"嘉木明韵"。基地坐落于东海之滨的浙江省宁波市。该基地集聚了一批经验丰富、技艺过硬的"苏匠"精英。基地平时很安静，听不到刺耳的机器声和敲击声，一批专注于传统榫卯、拼装、雕刻、软编、打磨工序的匠师在各自的工作灯位下，聚精会神地打造着属于自己的那份作品（图4-1~4）。

　　明式家具（苏作）外表看上去简单，但内部看不见的榫卯技艺是复杂的，一环扣一环，让一件家具经百年岁月轮回仍能屹立不倒，这不仅需要匠师们对优秀技艺的传承，更需要设计师、工程师随环境的变化进行新的研发与创新，引领匠师们更灵活、合理、创新性地运用传统的榫卯技术。随着科技的发展，出现了适合的加工机械，使多组榫卯相互间定位问题变得精准与省力。基地也顺势而为，合理地利用机械的优势，进行榫卯定位与粗加工。而最终榫卯配合与尺寸精度仍由匠师手工操控，用二丝精度游标卡尺检控尺寸，确保榫卯密配，从而获得所需的咬合摩擦力。后续雕刻、打磨等工序，由基地一批顶尖"苏工"老匠师把关，全手工完成（图4-5~8）。

　　软编棕藤面是明式家具（苏作）的特色之一，基地在继承传统技艺基础上对该工序进行了极其有效的改造。从选择棕丝与面藤产地、品样，棕绳的设计与制作，面藤的保养与加工，固串棕绳部木结构设计及面藤的手工串编工艺等进行了一系列改良，完成后的承棕、面藤抗压、耐磨能力得以大幅度提升，且外表密实而美观。

　　基地在家具作品上使用的铜构件、铜饰件皆选用高强度、防锈变的优质镍白铜。铜构件、饰件都自配特制，皆出自基地匠师之手，铜饰表面历经用

1	3
2	4

图 4-1　打卯眼
图 4-2　雕刻
图 4-3　穿棕绳
图 4-4　编藤

图 4-5

图 4-6

图 4-7

许建平与匠师

图 4-8

擦，更是久久生辉。

　　基地定位于制作能传承的高端传统家具。所谓家具，必须将使用功能放在首位。基地的设计师将人使用家具的习惯与人体形态工程学都糅进了家具设计中去。所谓高端，作品必须在设计、工艺、材料配选上都得有过人之处，还应具现妙绝一时的气韵。所谓传承，作品必属经典，且品质经得起岁月洗练，能长久存续。特别值得一提的是，为让高端家具延长存续时间，基地将古代家具在桌案面上预留的伸缩缝影响寿命的问题做了基础性研究与改造，花大力气进行了许多行之有效的材性研究及相关工艺改进。改进后的家具桌案面更加美观、舒适，寿命也得到有效延伸，使桌案面不

留伸缩缝的活木无缝工艺研究在原有基础上进一
步得到了提升。

（一）材料处理简介

中国传统家具一般都是由深色硬木制作而
成，其制作技艺的复杂与材料的昂贵，导致家具
成本比较高企。由于国人对传统家具拥有特殊情
感，让家具在代际传承成为心中之愿，这样必然
催生出了对家具存续寿命方面的要求。为满足人
们对家具这种代际传承的情感寄托，家具制作者
除了要有好的制作工艺外，对所用材料的选择与
木材的木性干预处理成了必不可少的重要课题（图 4-9）。

图 4-9　处理后的材料

1. 木材的选择

《红木》新国标分归为 5 属 8 类 29 种材，就木材本身而言，我们认为
没有绝对的好材与坏材之分。所谓的好与坏只因木种不同，其性能表现的差
异性罢了，是红木家具使用人个体喜好的适合选择。市场价格的高低也不一
定与木材的各项性能优异完全匹配。但是就成品家具而言，人们公认的好家
具一定得是实用、舒适、美观、做工精良、存续长久的。要得此好家具，材
性稳定是基础，所以在制作家具前对木材的处理、改善木材的性能是必不可
少的，否则可能由于木性不够稳定造成日后家具开裂、变形，直至散架。

2. 木材的稳定处理分析

根据我们对木材的多年研究与使用经验，影响木性稳定主要因素是两个
应力。

（1）内应力

①野生动态时与做成家具后且处于相对静态时木材的应力变化，导致木
材弯曲、变形等。

②受日常环境温度影响，木材的分子由于热胀冷缩，木材的外形体积
会不断地发生变化。如果做成了家具，由于构件的形体不断在发生变化，
将直接导致各部件相对位置改变及其接合部作用力的改变，有可能损坏家
具整体性。

（2）干湿应力

①木材中固有含水受外界温度影响，导致其中的水分子体积改变，从而间接改变木材的外形尺寸。

②木材中含水量随空气中湿度的改变而不断变化，使木材外形随内中含水率的改变与外界温度的改变形成复合变化，导致木材外形尺寸改变或开裂。

3.根据上述所列，要让某种木材木性稳定必须做到以下三点。

（1）野生木材变成静态家具，其内部纤维应力变化趋于稳定是要历经漫长的过程，必须通过人工干预快速地消除内应力的变化，以期适合在静态家具中扮演的角色。

（2）木材内部的含水率通过人工干预达到合理的水平。

（3）锁住木材内合理的含水量，使其不受环境湿度的变化而改变。

（4）木材本体及其含水在外温作用下产生复合的形体改变，这种变化要用合适的技术手段予以消弭。

就目前行业状况分析，第（1）（2）条很多家具制作工厂都能以多种人工干预手段予以实现，在对家具要求不是特别高的人群中，这种处理木材所能达到的程度已能基本满足要求了。但对外观要求高，存续寿命长的高端家具，原木品种的选择原则必须是热胀冷缩变量比较小的材种，其次在已经人工干预处理完妥的半成品木料中严格挑选，不能让有缺陷的材料混入，小缺陷随着时间的延续终究会变成大问题。最后第（3）（4）条问题还得用其他行之有效的多种技术手段妥善解决好，否则制作高端、长寿家具将成空谈。

（二）桌案面活木无缝工艺简介

家具案、桌面四周预留伸缩缝是中国古典家具缓解桌面变形而导致损坏的唯一方法。但这种方法的缺陷也是显而易见的。嘉木明韵某些材料制作的家具作品在案、桌面上无此伸缩缝，将留在古典家具上几千年的无奈给消解了。制作案、桌面不留伸缩缝且木材活性依旧，此工艺技术我们称之为"活木无缝"（图4-10）。

1.活木无缝工艺技术的作用

（1）极大地提高了高端珍藏家具的存续寿命。

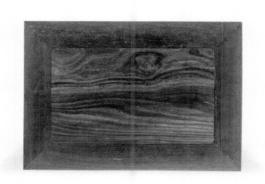

图 4-10
活木无缝案、桌面结构
示意图

（2）案、桌面更加整洁、美观、雅致。

2. 活木无缝工艺技术难点剖析

家具制作中案、桌面用框、板组装后，如何消除内应力与外界环境温度、湿度变化（通常说的热胀冷缩与干裂湿涨现象），给组合后案、桌面带来外在的物理尺寸改变，随改变绝对量的增大使案、桌面崩角或板面开裂、变形，从而造成对家具破坏性的伤害。这一条是活木无缝工艺技术最大的课题。

（1）制作案、桌面用框、板及配料，内应力应相对稳定。

（2）制作案、桌面用框、板及配料，干湿度必须在控制范围内。

（3）对是否适合制作无缝案、桌面的材料品种要进行筛选。在家具日常使用温度范围内对拟用材种，整体在温差影响下其物理尺寸改变的幅度要有准确数据。根据嘉木明韵成功的制作经验，对变形数据超过一定范围值的木种是不宜采用无缝技术工艺的。否则变形量过大无法控制，造成案、桌面损坏，后果严重。

3. 活木无缝工艺要点

（1）已选原木自其改变生态后随之应力发生变化，让其各部应力通过人工干预得以释放，让木材内应力处于相对平衡状态。

（2）拟制案、桌面用框、板及配料通过人工干预锁定其内部含水率，不能随环境湿度变化而变动。

（3）拟用红木材种必须经过使用温度段测试，找到该种木材最佳组装温度，以减少木材一半的绝对变形量。

（4）拟制的案、桌面用框、板及配料有一套独特的榫卯结构，该榫卯结构具备适应框、板受环境变化带来的变形，并将这种变形按照设计的方向予以分散，细微的变化让使用者几乎不会有感觉，并且在环境温度、湿度的变化中整个案桌面也在不停地变化和恢复中，且在此过程中不损坏桌、案面的整体无缝结构。该榫卯不但结构特别且要求精度极高，榫卯结合部有着强大的摩择咬合力。

（5）拟制案、桌面用框、板及配料要严格精选，不可有微小细裂等缺陷料混入。依据嘉木明韵多年的制作经验，作品材料的细微缺陷存在，经春夏秋冬的长期轮回考验，必定会演变成大缺陷，甚至开裂，降低作品存续的寿命。

4.案、桌面活木无缝技术认识误区及适用范围

（1）在高端家具圈子内对活木无缝家具的作用及美观度逐渐被认可，引起了古典家具制作行业的极大关注。有的企业在没有做好这方面技术储备、没做特别制作及材性处理的情况下，沿用传统的面框制作方法盲目仿造，简单地将留有传统伸缩缝的案、桌面改变尺寸，从表面上将伸缩缝予以消除。这样的简单处理，所用材种木性比较稳定的情形还能撑上较长一段时间，反之，将使案、桌面由于环境的变化而使其快速损坏，直至整个家具报废。

（2）存在另一种极端思维，即难以或不愿接受新技术与新工艺，因循守旧，认为树木自古以来不管是生长在地上还是被砍掉后作为木材使用，都应该是有生命的，是活的。制作家具后它也应该是会变化的，能伸会缩的。原木材料能被制成无缝案、桌面，那就说明该木材已经没有变化能力了，不是活的了，变成死木炭了。有这般说法和想法也是有特定人群的，原因多样，可能是对无缝工艺缺乏了解，机械地把植物生命死与活的概念延伸到木材的变化上去，认识上犯了形而上学的错误。

活木无缝制作工艺由于制作难度大、工艺要求极高、选料严苛，因此其制作成本会大幅攀升，所以此工艺技术适宜于高端、有收藏高附加值，且对保存及使用寿命有很高要求的珍品家具制作中。对于主要以使用为主、收藏为次的一般及中高档红木家具，使用此技术在性价比上会显得不太合适和必要。这类家具采用传统的留伸缩缝制作技术，目前还应该为上乘之选。

二　许建平明式家具

嘉木明韵部分作品赏析

祥韵日月特大画案

长 348 厘米　宽 102 厘米　高 81.8 厘米

许建平设计，嘉木明韵历经两年多时间倾力打造的一款传世珍品。大案通体以微凹帝王木制成。如此长逾 3 米的大器，更为难得。面下两端上翻大朵祥云，板腿下以垫木托泥支撑，并有明显的侧角，突显雄浑沉稳，气势不凡。此器面板侧沿正中刻"巧思精制，木艺融荟"八字，系许建平所题，恰如其分，属当代艺术精品。（胡德生）

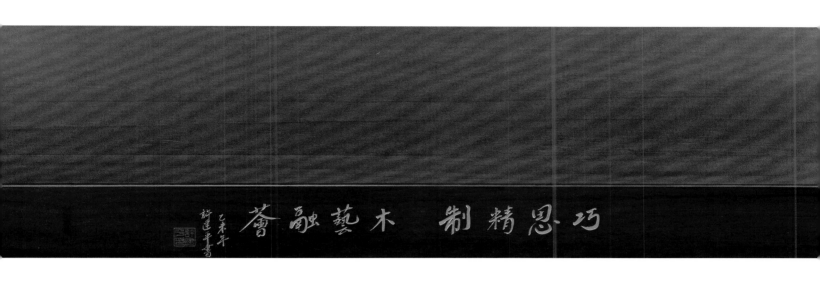

卢氏黑黄檀福瑞大画桌

长 298 厘米　宽 126 厘米　高 81.8 厘米

通体紫檀木制。形体宽大，气势雄伟。面下有束腰，打洼线条，鼓腿膨牙，大挖马蹄。腿上节内侧饰云纹翅，长牙条饰玉宝珠纹，正中垂洼堂肚，四腿侧脚收分明显。极具稳重大气、沉稳高古之气势与风度。选材上乘，更大料难得。尤其制作手法高超，榫卯严密，磨光精细，已接近和超过明清时的制作水平，堪称当代家具艺术精品。该器由宁波嘉木明韵紫檀艺术馆收藏。（胡德生）

卢氏黑黄檀鼓腿膨牙罗汉床

长 226 厘米　宽 118 厘米　高 50 厘米

紫檀木制，藤心床面。冰盘沿下打洼束腰，拱肩鼓腿膨牙大挖马蹄，腿上部饰云纹翅，牙条饰玉宝珠纹。雕刻精细，圆润柔和，突显珠光宝气之韵。面上三面围板，攒框镶心，正中以海南黄花梨木凸嵌寒雀图。虬枝老迈，生动形象，九只麻雀集聚枝头，形态各异，活灵活现。雕刻技法高超，加上深色地子的衬托，使图案更加醒目突出，具较高的艺术价值及收藏价值。（胡德生）

乾坤日月荷花大床

长230厘米　宽200厘米　高50厘米

　　大床以微凹帝王木制成。藤心床面，冰盘沿下打洼束腰，鼓腿膨牙内翻马蹄，牙条与腿通雕荷花纹。床头方形直角，框内镶板心，以浮雕手法饰荷叶及莲花。雕刻手法娴熟，且磨工精细到位。所饰荷花在历代传统观念中寓意纯洁，代表净土。在佛教、道教中备受推崇，更是民间喜闻乐见的传统纹饰。整体造型雄伟大气，脱俗超凡，属当代家具艺术上乘精品。

（胡德生）

东非黑黄檀架格

长 100 厘米　宽 40 厘米　高 198 厘米

架格通体光素无纹饰，四框正侧两面做出素混面线条，当中设抽屉两具，格分三层，四面开敞，有"藏万象于极简，匿大美于无形"之气韵，得"百看不厌，耐人寻味"之感。气韵生动，形神俱现，极具明式家具之气质和风度，属当代家具艺术精品。（胡德生）

南官帽椅

长 68 厘米　宽 51 厘米　高 102 厘米

东非黑黄檀制。这种搭脑和扶手都不出头的扶手椅，北京匠师又称"南官帽椅"。椅足外扎，侧角显著，四足中穿椅盘，一木连作。椅盘前宽后窄，相差几达十几厘米。大边弧线向前凸出，平面作扇面形。搭脑的弧线向后凸出，与大边的方向相反。全身光素，只靠背板上浮雕牡丹团花。椅盘软屉，藤面棕底，背椅靠背板、扶手、联帮棍、鹅脖均成曲线形，特别是明联帮棍上细下粗椅盘下三面设"洼堂肚"券口牙子，沿边起肥满的"灯草线"，下安步步高赶枨。

此椅气度凝重，和它的尺寸、用材、花纹、线脚等都有关系。但其主要因素还在舒展的间架结构、稳妥的空间布局，其中侧角出扎起了相当大的作用。

此椅经精心调制，符合现代人审美观、使用习惯，是集美观、舒适、精致、牢固于一身的现代珍品。

四出头官帽椅

长 63 厘米 宽 49 厘米 高 112 厘米

卢氏黑黄檀制。这具扶手椅尺寸并不小，构件却很细，弯转弧度大更是它的一个特点。搭脑正中削出斜坡，向两旁微微下垂，至尽端又复上翘。靠背板高而且薄，自下端起稍稍前倾，转而向后大大弯出，到上端又向前弯，与搭脑相接。如果从椅子的侧面看，宛然看到了人体自臀部至颈项一段的"S"形曲线。靠背板上部浮雕一团草龙纹。后腿在椅盘以上的延伸部分，弯转完全随着靠背板。扶手则自与后腿相交处起，渐向外弯，借以加大座位的空间，至外端向内收后又向外撇，以便就座或站立。联帮棍先向外弯，然后内敛，与扶手相接，用意仍在加大座位空间。前腿在椅盘以上的延伸部分曰"鹅脖"，先向前弯，又复后收，与扶手相接。以上几个构件几乎找不到一件是直的。椅盘以下的主要构件没有必要再出现弧线，但迎面的壶门券口牙子，用料窄而线条柔和，仍和上部十分协调。明式家具构件的弯转多从实用出发，这也是它的可贵之处。

以上所述也可以说是明式扶手椅造法的一般规律。不过为了取得弧度，不惜剖割大料，而又把它造得如此之细，却不多见。正因为如此，才能把构件造得如此柔婉，竟为坚硬的黑黄檀赋予了弹性感。

圈椅

长 63 厘米　宽 49 厘米　高 96 厘米

东非黑黄檀制。弧形圈椅，椅圈用楔丁榫五节密合，自搭脑伸向两侧，通过后边柱又顺势而下，形成扶手。背板稍向后弯曲，形成背倾角，颇具舒适感，浮雕一团双螭纹。四角立柱与腿一木连做，"S"形联帮棍。藤心座面。座面下装壶门券口。腿间管脚枨自前向后逐渐升高，称"步步高赶枨"，寓意步步高升。四腿外撇，称策角收分，意在增加器物的稳定感。

圈椅为明代常见椅式，由交椅演变而来，端坐其中会感觉背与大臂舒适的倚靠。这在中国古典座椅家具中是独一无二的。

三弯腿扶手椅

长 76.5 厘米　宽 54.5 厘米　高 106.5 厘米

　　卢氏黑黄檀制。搭脑呈卷书式，靠背板浮雕兰花及赞兰花诗，靠背框和扶
手框都做成匠手人体曲线形，内有卷云纹牙条。座面为手工编织的藤屉。有束腰，
束腰打洼，束腰下牙条雕花牙，浮雕卷草纹，三弯腿，卷云足。

香枝木扶手椅（禅椅）

长 76 厘米　宽 76 厘米　高 80 厘米

靠背与扶手由围栏式组成。腿间上部安罗锅枨，
上端直抵座面，下设步步高赶枨，正面加罗锅枨。
座面由手工编织藤屉制。此种扶手椅后背与扶手以
简单线条组合成框架，简洁通透又给人以肃穆沉静
之感。还因座面宽大人可盘腿坐于其上，多置放于
寺院或家中佛堂、书斋等清幽之处，供静坐、参禅，
所以又称"禅椅"。

东非黑黄檀绣墩

面径 30 厘米　高 48 厘米

座面圆形边框中间装板。墩身两端各雕一道弦
纹，饰一周鼓钉纹。四腿以插肩榫连接座面及底托。
四腿和上下牙板边缘起阳线，显得颇为别致，极具
装饰效果。

东非黑黄檀交机

长 49 厘米　宽 41.5 厘米　高 56 厘米

机无靠背，俗称"马扎"，古代称"胡床"，折叠、携带与放置都相当便利，特别适宜外出或旅游，是居家常备之物。

此交机由四根圆材、四根方材、踏床、软编座面和白铜饰件构成。座面两根横材间用真丝棉线编结软座面相连，正面浮雕卷草纹，四圆材由轴钉穿铆成"X"形腿，腿下二横材支撑，两前腿间横材上安放踏床，轴钉处与踏床均由高镍白铜件为装饰。机整体磨光玉润丝滑、良材精工，装饰绚丽夺目。

卷云纹小条案

长 109 厘米　宽 48.5 厘米　高 83 厘米

东非黑黄檀制。采用夹头榫结构，腿子四撇八叉明显，两腿之间有两根横枨连接，牙头雕卷云纹，牙头与牙条有呈珠连接。圆腿，直足。

四面平小条桌

长 98 厘米　宽 40 厘米　高 83 厘米

东非黑黄檀制。四面平结构，桌面四边攒框，中间装板，用无缝桌案面工艺技术制作，素牙条，直腿下内翻马蹄。整体结构简单，造型简洁，保持了明式家具的风格。

剑式小条桌

长 95 厘米　宽 40 厘米　高 81.8 厘米

东非黑黄檀制。采用夹头榫结构，腿子四撇八叉明显，两腿之间有两根横
枨连接，牙头雕卷云纹，牙头与牙条有呈珠连接。圆腿，直足。

壶门小条桌

长 105 厘米　宽 38.8 厘米　高 83 厘米

东非黑黄檀木制。桌面四边攒框中间装板，用
无缝桌案面工艺技术制作，有冰盘沿。无束腰，牙
条呈壶门式，牙条中心有分心花，边缘起阳线，圆
腿直足。

束腰小条桌

长 109 厘米　宽 48.5 厘米　高 83 厘米

卢氏黑黄檀制。全身光素无雕，造型简洁，桌面四边攒框中间装板，用无缝桌案面工艺技术制作。有束腰，四腿之间有罗锅枨连接，牙条和腿侧起阳线，方腿，内翻马蹄。此种样式的条桌应是明式家具向清式家具过渡时期的样式。

素牙带托翘头案

长 126 厘米　宽 38 厘米　高 89 厘米

东非黑黄檀制。案面四边攒框中间装板，用无缝桌案面工艺技术制作，有翘头。夹头榫结构，素牙条。两腿之间有两根横枨连接。圆腿，直足，有托泥。

素牙小条桌

长 98 厘米　宽 42.8 厘米　高 83 厘米

东非黑黄檀制。用无缝桌案面工艺制作，夹头榫结构，牙条和牙头边缘起阳线，四撇八叉明显，圆腿，直足。

紫檀祥云纹小条案

长 76 厘米　宽 36 厘米　高 79.8 厘米

　　整体器形规整灵巧、漂亮，明式家具精髓及特点都能体现。它的细节、线条、纹饰、比例都很到位，工艺做得很好，还有很好的创新的东西在，是一件精品之作。（张德祥）

双螭翘头案

长 146 厘米　宽 42 厘米　高 86 厘米

卢氏黑黄檀制。夹头榫结构，案面四边攒框中间装板，用无缝桌案面工艺制作。牙头铲地浮雕凤纹且如意纹洞开光，牙条、牙头及腿部外缘起阳线。腿子四撇八叉明显，腿中部起双皮条线，两腿之间有绦环板，绦环板透雕双螭纹，坐在托泥上，托泥下部呈壶门式。

吉祥平头案

长 170 厘米　宽 49.5 厘米　高 88 厘米

东非黑黄檀制。外形方正，四面平加霸王枨，用无缝桌案面工艺技术制作，牙板与面框斜面相接，再与案腿大粽角接合，牙板与抱角铲地浮雕大朵如意云头，腿上部有浮雕卷云牙，方腿，着地处花叶回转，使整个腿足突显俏皮与生动。

明式翘头案

长 146 厘米　宽 40 厘米　高 86 厘米

东非黑黄檀制。案面四边攒框中间装板，用无缝桌案面工艺技术制作，两端置嵌小翘头，边抹下起阳线，方腿与牙条格肩连接成框，上端出榫与案面相合，下端内翻马蹄。此案实为上案下桌变体而成，是明式家具中的个例。

明式架几案

长 270 厘米　宽 52 厘米　高 93 厘米

　　染料紫檀制。案面四边攒框中间装板，用无缝桌案面工艺技术制作。架几上部有一具抽屉，抽屉面中心有白铜面叶拉手，抽屉边缘起阳线。抽屉下有圈口绦环板，中心开光。绦环板坐在托泥上，托泥下有足。

如意翘头案

长 218 厘米　宽 48 厘米　高 93.8 厘米

东非黑黄檀制。案面四边攒框中间装板，用无缝桌案面工艺技术制作，夹头榫结构。腿子四撇八叉明显，牙条和牙头边缘起阳线，牙头内浮雕如意云头，两腿之间有绦环板，绦环板有壶门式开光，开光内透雕如意灵芝。绦环板坐在托泥上，托泥下有足。

明式圆包圆方桌

长93厘米 宽93厘米 高76
厘米

东非黑黄檀制。桌面四边攒框
中间装板，用无缝桌案面工艺技术制
作。桌面侧面采用劈料裹腿式，横枨
与桌面有两个矮老，四面矮老之间是
绦环板子，板面中心有长条形鱼门洞
开光。横枨下有角牙装饰，圆腿直足。

四面平霸王枨方桌

长 86 厘米　宽 86 厘米　高 76 厘米

　　东非黑黄檀木制。四面平结构，桌面四边攒框
中间装板，用无缝桌案面工艺技术制作。素牙条，
桌面下有四根霸王枨与四腿连接。直腿，内翻马蹄。

素牙平头案

长 179 厘米 宽 81.8 厘米 高 81.8 厘米

东非黑黄檀木制。案面四边攒框中间装板，用无缝桌案面工艺技术制作，夹头榫结构。素牙条、牙头。两腿之间有两根横枨连接。圆腿直足。

四面平霸王枨画桌

长 198 厘米 宽 88 厘米 高 81.8 厘米

东非黑黄檀木制。四面平结构，桌面四边攒框
中间装板。用无缝桌案面工艺技术制作，素牙条，
桌面下有四根霸王枨与四腿连接。直腿，内翻马蹄。

直腿回字纹画桌

长 218 厘米　宽 98 厘米　高 80 厘米

卢氏黑黄檀制。桌面四边攒框中间装板，用无缝桌案面工艺技术制作，有束腰，束腰上有长条形鱼门洞开光和圆形开光，开光内衬瘿木，桌子牙板上遍雕回纹和夔龙纹，牙条和腿部外缘起阳线，方腿，内翻马蹄。

明式圆包圆画桌

长 218 厘米　宽 102 厘米　高 80 厘米

　　卢氏黑黄檀制。桌面四边攒框中间装板，用无缝桌案面工艺技术制作。桌面侧沿采用劈料裹腿结构，罗锅枨也呈裹腿结构，圆腿，直足。

明式架几画案

长 218 厘米　宽 102 厘米　高 80 厘米

东非黑黄檀制。案面四边攒框中间装板，用无缝桌案面工艺技术制作。案面侧沿采用劈料式结构，架几采用裹腿式，几分上下两层，每层横枨也是裹腿式，横枨之间有搁板，底层横枨与底枨之间每面有两根矮老连接。圆腿，直足。

五爪香几

直径 36 厘米　高 103 米

东非黑黄檀制。几面攒圆边框，中间装板。有
束腰，腰间五块弧形绦环板环扣相接，五条腿与牙
条采用插肩榫结构连接，呈鼓腿膨牙姿态，三弯腿
下雕如意卷叶纹足，足下踩呈珠，呈珠下有带足托泥。
此几结体复杂，空间疏透，线条柔软修长，整体显
现出俊俏、优雅的视觉效果。

如意花几

长 42.8 厘米　宽 42.8 厘米　高 108 厘米

　　东非黑黄檀制。几面四边攒框中间装板，有束腰，束腰打洼，束腰下牙条下部浮雕大朵如意，四条腿外侧打洼，腿下部安有四根罗锅枨连接四腿，直腿，内翻马蹄。此几灵秀、优雅，形态楚楚动人。

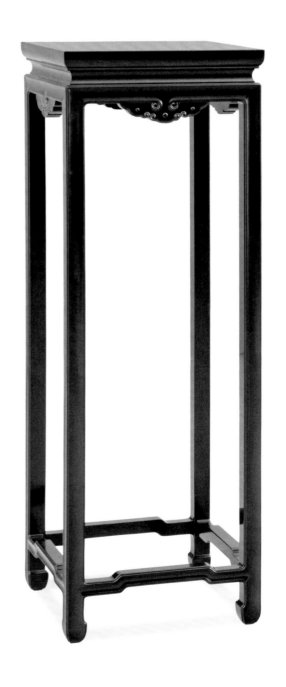

吉祥花几

长 42.8 厘米　宽 42.8 厘米　高 120 厘米

东非黑黄檀制。几面四边攒框中间装板，有束腰，束腰四面中间均圆形开光，两边均各开一个渔门洞，开光内衬瘿木。束腰下牙板浮雕夔龙纹和回纹，牙条和腿部外缘起阳线，腿下部安四根罗锅枨与四腿连接，方腿下内翻马蹄。此几形体端庄秀美，装饰性极强。

明式有围架格

长 100 厘米　宽 40 厘米　高 198 厘米

　　东非黑黄檀制。格分三层。每层都有围栏挡板，挡板采用绦环板形式，中间开光两侧有横雕如意云头。第二层有两具抽屉，抽屉面中心有铜面叶拉手。架格正面下层有开光如意云头的牙板装饰。架格四根立柱外侧面打洼处理，三层置物搁板，中间暗施衬档，两面覆板框架结体，既造就了美观又增加了刚度。

无门吉祥书柜

长 108 厘米　宽 38 厘米　高 212 厘米

　　东非黑黄檀制。上部的格分三层，层板都做成中间施衬档、两面覆板框架结体，柜中间设抽屉两具，抽屉面板浮雕夔龙纹，有铜拉手。下部有两扇柜门，柜门四边攒框，中间装板，面板上浮雕夔龙纹和寿字纹，边框上有铜面叶拉手，正面两腿之间有壶门，壶门上浮雕卷草纹和回纹。为增加刚度，书柜两侧也同样采用中间施衬档、两面覆板结构。整柜直腿，方足。

有门如意书柜

长 108 厘米　宽 38 厘米　高 212 厘米

东非黑黄檀制。上部分三层，有柜门，柜门采用空棱式，用十字如意云头做边框的绦环板结构装饰，柜门有铜面叶做拉手。中间设抽屉两具，面板浮雕夔纹和寿字纹，有铜拉手。下部有两扇柜门，柜门四边攒框，中间装板，柜门面板浮雕夔龙回纹及福磬穗子纹。边框上有铜面叶拉手，正面两腿之间有壶门，浮雕螭纹和卷草纹。书柜直腿，方足。

东非黑黄檀方角柜

长 80 厘米　宽 39 厘米　高 133 厘米

　　东非黑黄檀制。箱形结体,上下一样
大,无侧角,俗称"一封书",有柜门,
无柜膛,柜门四边攒框中间装板,素板面,
柜门有铜面叶拉手、合页。柜门下有素牙条。
柜子内分两层,中间设抽屉两具,抽屉面
上中心装铜面叶拉手一对。柜子外形简洁
明快。

东非黑黄檀圆角柜

长 76 厘米　宽 40 厘米　高 126 厘米

　　东非黑黄檀制。柜帽大圆角过渡，柜体上小下大，四撇八叉，侧角收分极其明显，有柜门无柜膛。柜门四边攒框中间装板，素板面，木转轴，柜门有铜锁鼻及铜叉棍。柜门下安素牙条。柜子内分两层，中间设抽屉两具，抽屉面上中心装铜面叶拉手一对。柜子整体造型轻秀优美。

香枝木榻

长 208 厘米　宽 86 厘米　高 50 厘米

香枝木制。榻面面心由手工编织的藤屉制作。下有两层棕绳承托，榻面四边攒框，底有大弓一条、角弓四条支撑。榻面边侧采用劈料做法，圆腿直接与榻面连接，榻面下有素牙条，牙头雕有如意云头开光，牙条和牙头边缘起阳线。两腿间有罗锅枨连接，圆腿，直足。此榻颇具明式家具的风格。

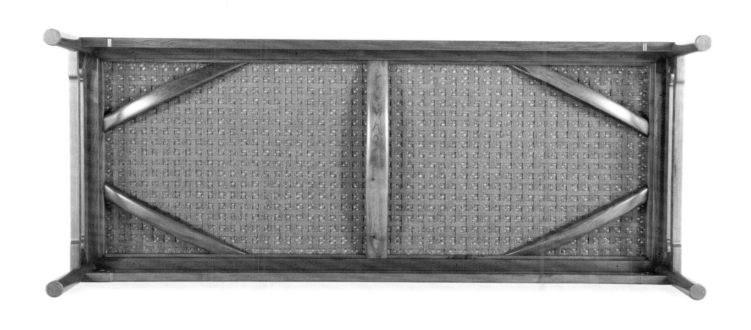

三弯腿罗汉床

长 226 厘米　宽 118 厘米　高 50 厘米

卢氏黑黄檀制。地洼束腰，拱肩鼓腿三弯落地雕卷云足，壶门式牙条浮雕如意卷草纹。面上三围板攒框镶心，正面围板浮雕宋徽宗《桃竹黄莺卷》，雕刻技法高超，五只黄莺形态各异，再配桃花翠竹，整个画面栩栩如生。

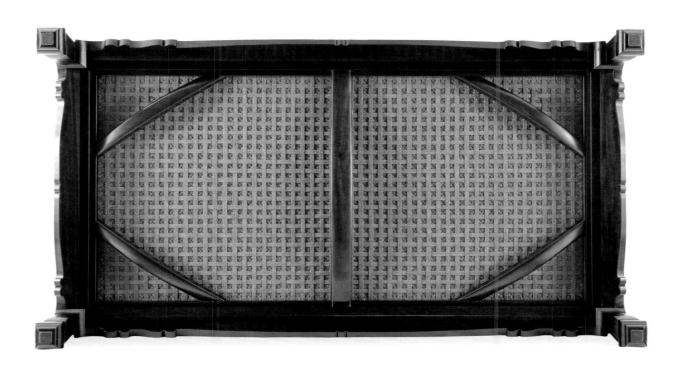

出谷傅聲美遷喬立
志高故教桃竹映不使
近蓬蒿
宣和駿御製并書

吉祥如意大床

长 230 厘米　宽 180 厘米　高 130 厘米

　　高品位染料紫檀木制作。面上置装弧形靠背板，背板四边攒框中间装板，背板与床面由扦榫和一组站牙连接，牢固又兼美观。床面四边攒框，底有大弓一条、角弓四条，支撑面上穿拉两层优质棕绳，全手工密编藤屉。冰盘沿下高束腰，束腰与矮老上分别浮雕如意卷草与灵芝纹，牙条雕饰如意卷草，边缘刻五宝珠。方腿直落，腿上部有花牙，内翻马蹄。

三 许建平重要场所部分作品汇集

1~4. 中南海等场所部分家具陈设

总体方案：陈增弼　配合设计：许建平

5. 苏州拙政园李宅全部家具陈设（世界文化遗产、全国重点文物保护单位）

总体恢复设计与监制：许建平

6. 苏州网师园万卷堂全部家具（世界文化遗产、全国重点文物保护单位）

总体恢复设计与监制：许建平

7. 长春伪满皇宫博物院室内家具陈设、佛堂等处陈设（全国重点文物保护单位）

总体恢复设计与监制：许建平

8. 南京总统府—洪秀全天朝王宫家具陈设，大殿内龙座、藻井、雕龙地（全国重点文物保护单位）

总体恢复设计与监制：许建平

9. 苏州曲园（俞樾故居）（全国重点文物保护单位）

总体恢复设计与监制：许建平

10. 杭州胡雪岩故居室内家具陈设（浙江省文物保护单位）

总体恢复设计与监制：许建平

11. 苏州天平山景区范仲淹故居全部家具陈设（江苏省文物保护单位）

总体恢复设计与监制：许建平

12. 温州如园室内陈设与家具（温州市文物保护单位）

总体恢复设计与监制：许建平

13. 苏州山塘街雕花楼全部家具陈设古建套设计（苏州市文物保护单位）

总体恢复设计与监制：许建平

14. 苏州可园全部家具陈设（苏州市文物保护单位）

总体恢复设计与监制：许建平

15. 苏州范成大祠堂宋代家具陈设（苏州市文物保护单位）

恢复设计与监制：许建平

16.无锡灵山梵宫贵宾区全部小叶紫檀家具陈设

总体恢复设计与监制：许建平

四　许建平部分传承活动汇集

（一）苏州造物展

留下手艺[1]：2015年10月，"苏州造物——国家级非物质文化遗产明式家具（苏作）制作技艺精品展"在恭王府博物馆开幕，同期举办了苏作家具制作技艺保护与传承研讨会，展览期间，国家文化部雒树刚部长、项兆伦副部长等领导先后莅临恭王府博物馆参观指导（图4-11~14），请您谈一下关于苏州造物展的那些事。谢谢！

许建平："苏州造物"展是我从事苏作传承以来最难得的一次机遇。苏州城始建于公元前514年，已历经2500多年的沧桑。古城基本保持着古代"水陆并行，河街相邻"的双棋盘格局和小桥流水、粉墙黛瓦、古迹名园、吴侬软语的独特风貌。历史上这里物华天宝、人杰地灵，园林风景秀美，传统手工艺发达，是一个文化底蕴积淀深厚的古城。

自明嘉靖年后，苏州地区经济发达、文化昌盛，商品经济有较大的发展，并出现了资本主义的萌芽，这时期江南的农业和手工业的生产水平有所提高，工匠获得更多的自由，从业人数与商品大量增多……作为人类生活中的重要生活用具——家具在此时段一改宋代遗风，在工艺上使用精妙的榫卯结构并出现了富有装饰性形式的构件，家具设计遵循礼规、人体功能、文化符号、适度尺寸，注重人文情趣的表达而更趋于完美。明代家具可以说在中国的家具历史上已到了登峰造极的地步，在世界家具史的同一时代中也是无与伦比的。苏州地区成为明代家具的重要产地，更有文人雅士参与此行乐此不疲，多书香而少匠气，更施于精湛的制作技艺以其地域的独特风格倍受域外瞩目，得世人认可而誉有"苏作"之称。

"苏作"是源于以苏州及周围区域为主的一种传统制作技艺，主要指以手工艺制作的器物，自2500多年建立苏州城以来逐步形成了"苏作"风格。

[1]
此部分为《留下手艺》编撰人员对（苏作）明式家具非遗传承人许建平的专访。

在苏州的传统手工艺行业，以"苏"字命名的很多，不仅仅是家具制作。如苏绣、苏雕、苏裱、苏扇等，制作技艺为"苏工"，传统"苏作技艺"表现为"做工精致细腻、寓意深刻吉祥、文化内涵丰富"。不夸张地说苏州工艺门类齐全，至今亦为拥有国家级非遗项目最多的城市。

"苏州造物"展览主题乃明式家具，在此著述就以家具为专题而论启，从史载的三百年的史料、近年从运河古道居民了解与印证，完全符合并可以说明北京地区的明式硬木及榉木家具，大部分为南方制造并利用漕运进贡与销售至北方的。王世襄老先生著书论："生产精制的硬木明式家具的时代与地区，可以缩短成一句话，它主要是晚明至清前期，尤其是 16、17 两个世纪苏州地区的制品。"

明式家具普遍使用榫卯结构，榫卯结构在我国春秋战国时出现雏形，到了明代，家具的榫卯结构已经达到完美的技术水平，整件家具的全部结构，均在构件原木本身制作出不同的榫卯，打造的家具几百年仍坚固如初，现今还能看到这些珍贵稀罕之原物，这不得不叹服明代家具匠人的聪明才智和精湛工艺。由于家具乃木作之用具，有别其他如瓷器、铜器等，只要不摔损，上千年均可保存珍藏；而家具是日常使用频率高的易损之物，更受到环境、搬迁、战争、灾害等不利因素影响，当今尚存并流传下来的明代实物在民间乃是凤毛麟角，若是完整之物价至上百上千万元已是常闻。

国家把苏州列入明式家具国家级非物质文化遗产传承地区，是对其于明代家具制作所做出贡献的地位给予权威性的界定，这是对历史的尊重。但今天综观这一技艺正处于大工业大生产的发展过程中，人的审美观念与生活习惯已得到颠覆性的改变，如何把这份传承工作做好，让国内外的家具爱好者与收藏者、鉴赏家了解并参与其中，这也是保护与传承工作中必须深入研究的内容。传承的工作并非是几个人或一部分人的事，这是需要所有传承人肩负起这份责任与使命去为之的。

这次"苏州造物——国家级非物质文化遗产明式家具（苏作）制作技艺精品展"在文化部恭王府展出，我的初衷就是想凭借恭王府这个有巨大影响力的平台，向国内外的家具研究者与爱好者提供了解明式家具（苏作）的机会。我们不仅展示家具，更是把明式家具的历史与发展、传承谱系、制作工具、榫卯结构、家具实物的剖解断面、现场制作演示等方式全方位地做宣传普及，并与众多人士面对面地交流互动。通过研讨会的形式听取专家、学者的观点、意见，共同去把这件有意义的功德之事做好。

这次展览布置充分利用了恭王府传统院落建筑设置：东西倒座房陈列苏作家具的历史沿革、传承人谱系、传统工具、代表性榫卯节点；东西厢房设置日常生活起居复原陈列；院落中心展厅展演传统制作技艺，播放专题片，展出制作流程、家具结构、风情民俗和园林茶韵家具；正房展演苏州评弹。全面体现了"苏州造物"的历史文化发展过程。

现场展示了一批百年历史的实物家具，同时也呈上近百件高仿明式家具与有着明显苏州地域文化的当代苏作家具。这些家具既蕴含明式家具的经典元素，又贴近当今人们怀古之心态与价值观，得到不同层次人群的喜爱，展会上联合国教科文组织的官员参观后高度赞赏并为能看到这些家具而欣悦，并且说在国外少数博物馆中有时也看到过几件中国的古典家具，只观其形却不了解中国明清家具文化的内涵。在恭王府能看到如此全方位带有宣教性质的形式来介绍中国明式家具是第一次，感觉得益不少。在有四十多种榫卯结构部件的展台前与制作家具的木工工具展台前更是详细询问了解。认为用这样的形式让国内外的人来了解中国明式家具是一件十分重要和有深远意义的事。这也许是他们的职业对家具文化与非物质文化遗产有更多的切入点吧。看到这些联合国官员对"苏州造物"的关注，让我联想到苏州古典的

图 4-11　2015 年 10 月，文化部雒树刚部长、项兆伦副部长参观苏州造物展合影留念

图 4-12　2015 年 10 月，文化部雒树刚部长参观"苏州造物"展制作工具展厅

图 4-13
2015 年 10 月，许建平为雒树刚部长展示明式家具制作技艺

图 4-14　2015 年 10 月，文化部项兆伦副部长等参观"苏州造物"展合影留念

园艺与家具同样深受异国人民的喜爱，在美国纽约大都会博物馆内就有苏作的明代建筑与明代家具（世界文化遗产苏州网师园内"明轩"建筑之景以一比一尺寸复制于馆内）。

近些年随着中西方文化与艺术的扩大交流，明式家具得到国内家具爱好者的日益青睐，国外也有许多家具设计师在设计中汲取中国明式家具的文化与艺术元素，设计出许多中西交融的优秀作品。通过这次在恭王府举办的为期近一个月的"苏州造物"展，期望能让更多人真正地了解中国明式家具的文化艺术内涵。懂得一件家具不仅是外在造型的形制，更有内在结构的精湛独到之处，从内到外的完美才是一件真正成功的家具艺术作品。

"苏州造物——国家级非物质文化遗产明式家具（苏作）制作技艺精品展"暨学术研讨会虽已在赞赏声中圆满落下帷幕，但传承与传播工作还应继续，愿中国的非遗、人类的非遗不分国界地得到传承与保护。

（二）其他部分传承活动展及展示

①2016年5月文化部国家级非物质文化遗产"文房砚为首"精品展（图4–15、16）

图 4–15
2016 年 5 月，文化部国家级非物质文化遗产"文房砚为首"精品展展览场景

图 4–16
2016 年 5 月，恭王府博物馆馆长孙旭光在"文房砚为首"精品展展览现场

② 2016 年 10 月文化部"苏州造物——国家级非遗明式家具（苏作）制作技艺精品展"（图 4-17、18）

图 4-17
2016 年 10 月，许建平陪同文化部非遗司马盛德巡视员在"苏州造物"展览现场

图 4-18
2016 年 10 月，许建平陪同联合国教科文组织驻北京办事处官员在"苏州造物"展览现场

③ 2017年宁波博物馆大型文化艺术会展——"穿越时空的家具艺术"（图4-19、20）

图 4-19
2017 年，许建平陪同宁波博物馆王力军馆长在会展现场

图 4-20
2017 年，宁波博物馆大型文化艺术会展"穿越时空的家具艺术"会展现场

④ 2018 年 9 月文化部第五届中国非物质文化遗产博览会（图 4-21）

图 4-21
2018 年 9 月，许建平陪同文化部项兆伦副部长参观第五届中国非物质文化遗产博览会

⑤ 2019 年中央电视台春节联欢晚会国家级非遗公开课（图 4-22、23）

图 4-22
2019 年中央电视台春节联欢晚会国家级非遗公开课场景

图 4-23
2019 年第二届中国非遗春节联欢晚会场景

五　结语

中国家具历史悠久，是中华文化遗产的重要组成部分。它是一个国家和民族经济文化发展的物质产物，在一定程度上反映着一个国家和民族的历史特点和文化传承。

中国明式家具非物质文化遗产代表性传承人许建平，1970 年从学校毕业进入苏州红木雕刻厂学徒，从开料到雕刻，干过十几个工种，不仅了解明清家具的榫卯结构，还把苏州的园林和寺庙保留的古典家具、建筑的内檐装修画图存留资料，期间受到原中央工艺美术学院明式家具专家陈增弼教授的指导，从理论到实践不断摸索，在制作了上千件明清古典家具和完成十几项古典建筑内檐装修的修缮和仿制后，于 2009 年被授予"明式家具制作技艺传承人"的称号。

本书着重向读者介绍明式家具的形成与发展，并以中国明式家具非物质文化遗产代表性传承人许建平为代表人物，介绍其成长历程和在明式家具传承发展上的作为。

我们在欣赏了许建平大师制作的明清家具后，感觉这些家具的制作工艺和手法绝对是上乘的，它们不仅保留了中国古代家具的榫卯结构，而且在造型上也是忠实反映了中国古代明清家具的风貌。许建平大师还探索性地制作了带有中国古代明清家具元素的新中式家具，为我们这个时代留下了新硬木家具，也为后人留下了宝贵的经验。

本书除图说及部分章节外，均由北京建筑大学杨琳副教授撰写。许建平明式家具嘉木明韵部分作品图片由吴挺先生拍摄。

书中如有不妥之处，还请专家、学者批评指正。

参考资料

1. 中国第一历史档案馆：《清宫造办处活计清册》（雍正朝至乾隆朝）。

2.（明）午荣编：《鲁班经匠家镜》，故宫博物院珍本丛书，海南出版社，2006年。

3.（明）文震亨著：《长物志》，故宫博物院图书馆藏。

附录

国家级非遗传承人许建平

　　许建平，出生于苏州，小时候住在姑苏城南街名为"三元坊"的地方，祖上留给许家四进宅院（后公私合营），许多沾亲带故的亲戚都住在一起。读书时，他下课就是画画，最淘气的事是把家里原先轿厅内但凡留白的墙面都涂绘上了四不像的"壁画"，为此没少挨父亲的训斥体罚。尽管如此，父亲还是不时夸他的画画得好。为此，父亲还安排他跟着姨妈学习中国工笔花鸟画，整天练习白描图，在画上渲染色彩。许建平10岁时，父亲不幸脑溢血去世，家庭环境顿时发生巨变。一向主内的母亲靠公私合营房产的定息和走进教师队伍的工资，把他和妹妹培养长大。

　　许建平中学毕业就被分配到苏州工艺美术学校。当时这批毕业生被列为"文革"中新一代从事工艺美术设计的学员来培养，苏州市四十多所中学几乎每校一个名额。他们原本将先经过一个阶段的政治学习和劳动体验，再正式进入教育学习，但因师资力量匮乏以及所谓的政治形势需要，这40位学员又无奈转入到工艺美术系统下属的几个工厂，许建平被安排到了苏州红木雕刻厂。

　　因为有美术基础，许建平被分配进设计室工作。当时的厂领导认为做设计工作应先去车间熟悉了解生产制作过程，从理论到实践全面掌握才是最好。这样，许建平到木工车间跟着老师傅学起了手艺，熟悉整个手艺的流程及制作技艺。

　　在木工车间工作不到一年，上级又把许建平调到苏州工艺美术公司的集训班。集训班有原来工艺美术学校的老师以及苏州书画界乃至全国知名书画艺术家任教，如谢孝思、费新我、张辛稼、张继馨、陈必强、吴羊木等。当时集训班一共开设雕刻、山水画、工笔花鸟画三个专业班，许建平被安排到工笔花鸟画班，这对他来说是天大的好事，因为小时候学过，更让他高兴的是师从姑苏著名工笔花鸟画家陈必强、黄云龙。就这样，许建平全身心投入学习，其他同学下午四点半下课，他每天都是晚上八点半才关上教室门回去，因为班上许多学生之前在单位已从事工笔花鸟画多年，虽说许建平小时候跟姨妈学过，但毕竟是业余兴趣而已，压力与好胜心鞭策着他加倍地刻苦勤奋。最终，许建平的结业成绩名列工笔花鸟班前三名。

优秀的成绩又让他得到了一个深造的机会——整个集训班60名学员中，留下5人进入全国赫赫有名的苏州刺绣研究所深造工笔花鸟与山水画，与著名山水画家徐绍青（吴湖帆弟子、第一届中国工艺美术大师），花鸟画家施仁、黄芗等同处一室，得到他们的指导与培养。

在这样一个艺术殿堂里，许建平发现自己犹如参天树林中的一根小苗。喜悦后的冷静让他忧心能否适应这样的环境。回家把心事与母亲说起，母亲的回答让他至今刻骨铭心："我让你记住古人两句话，一句是'少壮不努力，老大徒伤悲'。还有一句是'不飞则已，一飞冲天；不鸣则已，一鸣惊人'。你只要肯花精力去学，总会学到真本事的。"

许建平似有顿悟，从此沉静下来。他每天提前一小时到画室，遵从老师的练习方式在三九寒冬打开北窗，于刺骨寒风中用冻得僵硬的手指，行笔练习水仙叶与兰花叶的线条，掌握一气呵成基本运笔之功力……当时曾一度不理解老师为何对线条较真到近似苛刻的地步，后来在资料室里细阅中国画法一类的书刊后才顿悟此道：因为中国画线条的艺术形式美，能充分表现中国绘画特色和审美特征，是中国特有的珍贵文化遗产。

就这样，许建平在苏州刺绣研究所学了整整两年工笔花鸟画。学习期间，徐绍青老师为完成他的大型国画《长江万里图》，还特地带他同行考察。这不仅让他获益匪浅，更学到了老艺术家对待艺术一丝不苟的精神。两年学成后，由许建平创作的《五色牡丹》在苏州青年宫举办的苏州青年国画展中荣获二等奖。

在刺绣研究所设计的画稿也得到了老师的认可，并作为刺绣针法研究组可选用之画稿得到应用。许建平表示，在刺绣研究所所学的基本功，对自己日后的事业发展起到了关键的作用。

学成归来的许建平回到苏州红木雕刻厂设计室工作，并拜徐文达先生为师。从此，家具设计这个职业就成为他终身为之付出的事业。

徐文达老师毕业于苏州工艺美术学校，一直从事古典家具造型与结构设计。每件家具的设计造型在图纸上呈现出来就是一幅精美的艺术品，无论是构图还是线条都堪称美轮美奂。应该说，在那个年代，运用如此手法把家具造型表现得如此淋漓尽致是绝无仅有的。直到今天，许建平再也没有看到如此水平的手工设计稿。

这让许建平感觉到了压力。他揣着老师的图纸，模仿着他的风格临摹而不是把精力放在设计上。老师看出了他急于求成的心态，为避免他走弯路，及时纠正了他的学习方式。为打好家具设计的基础，许建平深入较苦较累的木工车间，跟着一位五十多岁的丹阳籍师傅，体验熟悉家具的开料、配料、制作榫卯、木工装配。师傅姓戎，脾气有点古怪又有点耳聪，但对许建平很好。与戎师傅搭档的是技术很好的阮菊根师傅，他也特别喜欢许建平并热心教他木工知识。就这样，上午木工车间下午设计室地交替着，许建平又学了三年。

回想当时这样一个启蒙过程，许建平表示，设计人员第一步到生产一线了解木工基础并参与动手操作是特别有意义的事。这也是进入古典家具设计领域至关重要的实践基础。

当时家具行业的机械化程度很低，大多是经过技术革新但功能单一的土设备，精密度、稳定性较差，许多家具虽说可以从木工铣床上铣出线形，从开榫机上加工出若干木榫结构，但总体只能说是从纯手工工艺中解脱出来的初级阶段。当时正值"文革"尾声，开放交流甚少，国外那些价格不菲的先进设备一般工厂根本无从接触。以古典家具的线形来说，研究家具的都知道是至关重要的环节与亮点，但当时要让线形圆润通畅，只能依靠手工理线来完善这道工序。老师傅对许建平说，你是画花鸟的，对线条一定很讲究。家具的线形很重要，像画画那样细心的人才能做得更好。于是理线这一工艺，许建平就做了4个月。虽然每天下午回到设计室提笔感觉手臂是酸的，但了解了理线这道工序后，确实让他在后来设计明式家具线形时会考虑到木工理线时会出现的细节问题，更多地考虑是否适应工具应用与操作。

这一点同样在许建平学习雕刻的一年多时间里有深切体会。刚开始设计图案纹样时有点随心而绘，特别是有些卷纹图案，手工雕刻时要使用不同尺寸、不同口径和弧度的半圆凿，不同的图案要有大小不同的半圆凿根据图形套着雕刻，有时一个局部细节会交替换上好几把圆凿才能把流畅的线形完成。这类图案的设计，就要预先把手工操作时的因素考虑进去，而这些程度的把握，就要从实际的操作中去摸索掌握。就如同当今这些手工技艺大都已经被电脑雕刻机所取代，而这些被取代的工艺也需要熟悉此专业的程序员进行编制方能完美一样。

身为一名家具设计人员，对家具的造型设计与制作中榫卯结构的运用是必须了解与掌握的，甚至要根据家具物体的各个部位与受力点来考量适用哪一种榫卯形式最为合理。一件家具的造型设计、榫卯结构、线形运用的完美结合，就如同一部交响音乐，需要参加演奏的音乐家步调一致配合默契，才会是一件完美无瑕的作品。

榫卯结构精巧的工艺是明式家具最重要的部分。在20世纪70年代许建平刚进入此行业的时候，这一些也只有为数不多的古典家具研究者和真正对古典家具感兴趣的人才有认知，能查阅的书籍更是凤毛麟角。许建平刚进入设计室时，看到的产品大部分还保留着"文革"题材，如一些家具的门板、抽斗等部位，雕满了向日葵、南京长江大桥、革命人物、革命诗词等，传统明、清、民国时期的家具图案几乎见不到。只有"文革"后期重新开放的苏州园林，尚能见到受到保护并修复完整原汁原味的明、清、民国家具。在这样的背景下，许建平所能感受到的中国古典家具的艺术真谛，正是苏州园林以及刻存在记忆中的家。而这一切得益于自身兴趣与职业的巧合叠加，潜意识中对古典家具就会比一般人多一份眷恋，也无可厚非地较他人更能把意识中的这份情结提炼出来。这就是许建平经常戏言却又是真实的"是摸着红木家具长大"的。

许建平的祖父原籍广东中山翠亨，追随中山先生并于1926年参加北伐，1930年定居上海，担任律师，许建平的父亲也继父业同为律师。1948年，许家迁移至苏州三元坊许氏故宅定居。故宅乃清末建筑，占地三亩二（约2133平方米），前后四进，东园西宅，公私合营后自留300多平方米院宅，许建平就出生于此。自懂事起，父母就如数家珍般地指着家中每一件红木家具，告诉他家具的名称、雕刻的每一个图案寓意。对红木家具的认知，就这样潜移默化地铭记在了许建平的脑海中。多少年，许建平曾趴在红木家具上做功课、画图；多少次，许建平曾看见家人和亲戚在红木家具上打牌、玩麻将。父亲母亲平时只要有空闲，就会把红木家具擦拭得锃亮锃亮加以养护，也一直叮咛许建平不要用硬的东西在桌面上留下划痕，特别是客厅中的一套中堂，更是倍加珍惜。有一次小学同学来家里玩，有一个同学的削笔刀在红木家具上划下了几条划痕，许建平清晰地记得那天晚上母亲万般心痛的样子，并责备许建平没有告诫同学要爱护家具。当时许建平不以为然，认为小题大做，但经过母亲的教育讲解，才了解到这些家具的名贵，才知道家中每一件家具随着迁移有着一段一段的故事，才明白家具上的每一个图案都有着让他似懂非懂的寓意。也因此，在他幼小的心灵里播下了对红木家具认知的种子，那些有关家具的文化以及与之发生的沧桑故事，从此深深植入他的心底，挥之不去。

许建平 10 岁那年，父亲不幸因脑溢血去世，家庭的生活担子一下子落到了母亲身上。因为有一定的积蓄与公私合营的不动产分利，母亲尚有能力抚养许建平和妹妹成长，过着平和的生活。但是，随着 1966 年"文化大革命"的开始，许家也未能幸免于造反派的荼毒。他们闯进许家，以搜查封、资、修、反革命的余孽、流毒与影响的名义，把许家祖上收藏的红木家具、青铜器、玉器、书画、书籍、瓷器等抬出去放在大街上，砸的砸，烧的烧。许建平趁造反派不注意，偷偷捡回来几本民国壬申年出版的线装书，诸如《痴洪梅谱》《三希堂法帖拓本》等，虽已残缺不全，总算留下个追忆与念想（图附 1、2）。看着家中哀求之下仅存的几件生活必需家具，哀伤的母亲整个人都快要崩溃了，这样的情景也深深刺激和伤害着许建平。虽然当时的他尚没有成熟的事物判断能力，但却有一个幼稚的想法非常坚定，那就是总有一天要让这些家具重回家中。这样的想法在无形中也鞭策着他去关注古典家具、爱上古典家具、研究古典家具，最终把研究设计创作古典家具作为人生事业的唯一选择！

这样一种"耿耿于怀"的眷恋，正好印证了"拥有不一定珍惜，失去了会更在意"这句老话。在许建平老宅附近的两处古典园林，自此成为平衡他心境的地方，那就是网师园与沧浪亭。许建平说，这两处江南私家园林，是

图附 1　《三希堂法帖》拓本照片（许建平摄）

图附 2-1

图附 2-2

图附 2-3

图附 2-4

图附 2-1~4
《痴洪梅谱》（许建平摄）

成就他走进传承之路的最好启蒙圣地。

那个时期，王世襄先生出版了《明式家具珍赏》等书。这是"文化大革命"结束后首册重量级的明代家具研究文献，国人对明式家具体系由此有了全面的了解。

凡事都有其两面性。有一部分人对这一文献的研究，并非为了传承中国文化，而是嗅到商机。他们经过了解、认知后迅速编织起一张大网撒向全国，到处寻觅收罗流落在社会上具有历史文化价值的明式家具，并通过沿海地区大量走私出境……1984年，许建平去安徽歙县写生，在歙县县城一天就碰到五波收购明式家具的外省人，当时他还有点纳闷这些人为何跑那么远来收购旧家具，收回去又有谁来买啊？通过交谈方才知道，这些人收购到正宗的明式旧家具，马上就会拆开，化整为零发到南方沿海地区，通过渠道从海上运出去赚大钱。

歙县有很多高大精致的大宅院，古建筑群规模之大之多，着实让人流连忘返，而与高墙深宅配套的古典家具也着实不少。虽然一部分家具在"文化大革命"中受到冲击易主，但大都还算保存完整。只是由于信息不对称或对古典家具的历史文化价值缺乏基本认知，大多数人以为这只是一些有年代的破旧家具而已。

去歙县，许建平就是想多看看多了解历史文化，也确实看到了许多有价值的古建筑、古家具、砖雕、石雕，看到了许多有历史价值的东西都保存完好。但看到这么多人涌入这里到处搜罗收购旧家具、旧建筑、石雕、砖雕等令人无以言状的情景后，许建平如鲠在喉。他曾碰到一个同住一家旅馆的收购者，当天安排了一辆农用车从一户人家拉来了一件3.4米长的铁梨木翘头案，兴奋地跟他说这东西以后放在酒店大堂很匹配，还说第二天还有几件东西要去看。许建平气愤地对当地一位文化站工作人员说："再这样下去，歙县的古建筑、家具、石雕、砖雕就全挖光了，这地方还会有历史价值吗，以后再想要恢复就只能是不伦不类的仿制品啦！"那位工作人员听了也忧心忡忡。但当时全社会保护历史文物与文化资源的意识太弱，而后的局面大家也都看到了。

20多年后，许建平当时的推断应验了：该地区要恢复一个明代的四品府衙，准备申请一个非遗项目，当地来人找到许建平，邀请他为这个项目的全部家具陈设做个总体设计。故地重游，许建平百感交集。原汁原味的明式家具已荡然无存，恢复府衙内的明式家具与陈设，都需重新设计、重新复制。为此，许建平精心设计方案，以本地域存在过的款型作为素材，以当地的材质作为府衙所置家具之材，力求完美统一。结果因当地主管领导看法不同，造成在明代的府衙中放置了清代家具与大地屏，甚至还用上了大红酸枝材料。

在明代一个山区府衙，这是根本不可能发生的事情。为此，许建平专门在有关杂志发表《综述当今古典家具的传承与欣赏》一文，剖析了这一不该发生的严重事件。

1986年左右，王世襄先生的那本《明式家具珍赏》在市场上已经脱销，

图附3
明代府衙中放置清式案椅与地屏（一）
（许建平拍摄）

图附4
明代府衙中放置清式案椅与地屏（二）
（许建平拍摄）

争相寻觅这本著作的人基本上分为两类，一类是喜欢明代家具并具备一定的鉴赏能力的人，认为通过这本书能学到更多的知识，值得花时间研究甚至动手制作。另一类是知道明式家具的文物艺术价值，想通过这一途径赚钱，但鉴赏能力与阅历尚浅，在无实物参照、比较和鉴别的情况下，想通过此书找到可资参考的家具款型，按图索骥，摸准门道，寻宝挣大钱。

时间到了1987~1988年，这一波绵延好多年的寻觅古旧家具的热浪，在经过从城市到农村、从农村到山区的无数次洗劫后，开始明显下降。那些跻身于此行的人看到有限的货源已出现匮乏的红灯，而收购价正成倍地往上蹿，更让他们绝望的是，政府和海关部门看到了这一现象和问题的严重性，开始加大力度打击古旧家具走私。

走私抑制了，但海外喜爱中国古典家具的群体有增无减，对中国古典家具的需求一路看高，这也拉开了中国古典家具市场振兴的序幕。之前他们买的是走私出去的文物古旧家具，价钱十分昂贵，当这个途径被遏止以后，通过正规渠道出口的仿明式仿清式家具同样传承着中国的传统文化艺术，同样是具有文化价值的。也就是从20世纪90年代开始，中国的仿古家具产业开始成为主流进入蓬勃发展时期。

在此之前，许建平在企业所设计的产品全部是按照上海与江苏外贸公司的订单设计的，大部分是满足东南亚和日本市场的外贸产品。作为一名设计师，他只能跟着订单的思维去设计，类似于依葫芦画瓢，想象空间受到很大局限，无法真正发挥自己的创意。90年代后，随着中国仿明仿清家具的扩展并得到海内外的认同，席卷中华大地的复古类家具市场有了翻天覆地的变化。作为行业的一分子，许建平万分感谢王世襄老先生，认为是他的那本著作的出版，直接或间接地引导了中国古典家具市场格局的巨大变化。许建平表示，中国当代家具设计师肩负着传承弘扬中国家具文化的职责，要学习杨耀、王世襄、陈增弼等前辈的学识和精神，是他们为我们奠定了明式家具的理论与地位。

1986年，中国古典家具艺术展评会在香港举办。当时香港还属于海外地区，凡内地各省市外贸公司下属有红木家具厂的均要报名，再由外贸公司根据分配名额挑选参加，每个工厂设计好的方案则由外贸公司挑选。当时，许建平设计的一套雕灵芝纹中堂家具（18件）入选。这套作品是员工们按许建平制定的精品要求历时半年多制作、经过许建平现场严格监督指导、通过外贸公司检验标准合格后送抵香港展评十天、再经各方投票及艺术品鉴赏委员会委员们严格评审的。当时评选打分结果有两套展品并列第一，但按主办方的规定只能有一个金奖。于是再经过一轮评议打分。最终，由许建平设计创作的这套展品得到展会唯一的金奖，当时媒体是这样评价的："这是中华人民共和国成立以来第一个在海外得到的古典家具金奖。"

那一年，许建平33岁。也正是这次得奖，让行业内的人开始了解他关注他，许建平在江苏和上海地区古典家具行业中有了知名度，在事业上有了一个让人欣慰的里程碑式标记。也是在此时，他认识了当时是中央工艺美术学院教授的陈增弼。陈增弼是一位十分儒雅的研究明式家具的学者，每次他到苏州出差或带学生来参观园林与工厂，都会预先通知许建平，让许建平晚上到他住的招待所或饭店去聊天。记得有一次，陈教授在聊天中得知许建平常常利用休息日，在园林中用自创的快速测绘方式测绘园林内的古典家具，就向许建平提出下次他带学生再来苏州时，请许建平给他的学生上两天快速测绘家具课。有趣的是，不久，陈教授真的带了两批学生来苏州，通知许建平去上课，选的地点是苏州体委招待所，这也是许建平第一次走上讲台，教的还是中央工艺美术学院的学生。

1988年初，许建平到故宫博物院，找到了单国强主任。当时他有个想法，北京故宫的家具外面是买不到的，但许多海外人士对此十分感兴趣。许建平当时跟单主任交流的想法是：与故宫合作复制一件家具作品，完成后由故宫在家具上刻上监制印章并出具证书，家具放在故宫出售然后分成。对这一市场化的尝试，单主任表示"想法很好"。

许建平选的家具就是故宫养心殿"垂帘听政"前面同治皇帝坐的那一件宝座。但当时因为拍电影《火烧圆明园》的时候，摄制组把文物给弄坏了，因此故宫定下规矩，外人一律不得进入放置文物的建筑空间中去。通过许建平不懈的努力，单主任答应第二天上午10点在工作人员陪同下进去，给15分钟测绘时间。和单主任讲好后，许建平马上跑到养心殿，此时距下班时间还有一小时，游人也比较少，他就站在养心殿外，鼻子贴着玻璃窗把这件家具的正面、侧面仔细地画了下来，包括每个转角、宝座面和扶手的位置细节，都按比例定位好。这样，第二天他就只要拿着这画稿，一人量尺寸报数字，一人在画好的画稿上把尺寸标记上去，进去的任务就是校对尺寸，把准确的数字填上。结果，第二天他带了个助手，6分钟就把所有的数据填报完毕，然后用早已准备好的135胶卷照相机，对着宝座拍了36张照片。照片主要是拍图案，以便对照照片校准尺寸。这样回到苏州，许建平在精确比对之下，很快测绘复制完成了故宫养心殿这件宝座（图附5~7）。

许建平表示，在这启蒙阶段，如果没有这些前辈、老师的帮助、指导和培养，就没有他与古典家具前世今生冥冥之中的情结，或许也就没有这样的幸运与资格去参与后来国内许多重大且有影响力的项目的恢复设计与监制。

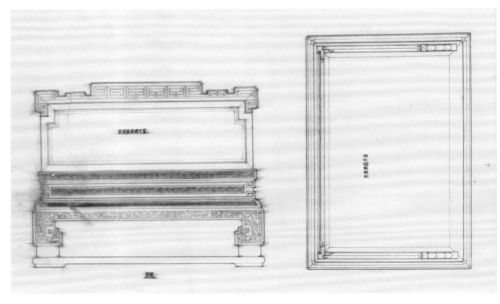

图附 5
故宫宝座测绘图（许建平绘制）

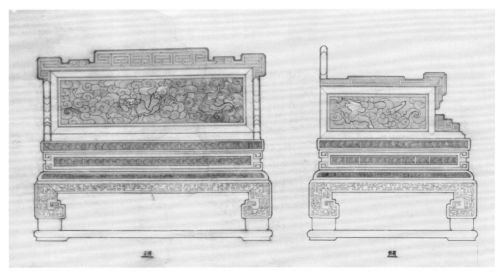

图附 6
故宫宝座测绘图（许建平绘制）

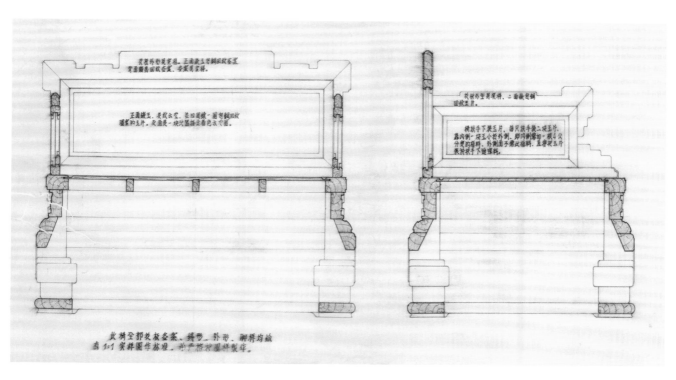

图附 7
故宫宝座测绘图（许建平绘制）